码上学技术·绿色农业关键技术系列

花生
高质高效生产200题

孙学武　郑永美　等　编著

中国农业出版社

北京

内 容 简 介

　　花生是我国主要油料作物之一，其生产水平直接关系到食用油供给安全，进一步提高花生生产能力，实现花生增产、提质、增效，事关国计民生，意义重大。近年来，我国花生生产科技水平发展迅速，但产区间差异较大，及时总结和推广这些新技术，有助于提高全国花生整体生产能力，满足人民日益增长的美好生活对花生的需求。本书以问答的形式，分品种、播种、营养特性、肥料与施肥、病虫草害防控、田间管理与收获、种植制度与种植模式、优质安全等八个部分，介绍了编者团队近十年来积累的新的科研成果和栽培经验。全书行文力求深入浅出，通俗易懂，突出实用性和可操作性。可作为科研院所、大专院校、农技推广等单位相关人员及花生种植者的参考用书。

编 委 会

FOREWORD

前 言

　　花生是我国重要的油料作物和经济作物，在保障我国食用油供给、增加农民收入等方面具有重要作用。持续提高花生产量、不断增加生产效益、逐步改善产品品质，是现代农业对花生生产提出的基本要求，也是花生生产的三大目标。为了加快这一目标的实现，作者从生产实际需要出发，编写了这本花生栽培技术手册，以期为进一步提高我国花生生产水平提供技术支撑。

　　山东是我国花生主产省之一，多年来，花生的科技与生产水平一直位于全国前列，对带动全国花生生产水平的提高发挥了重要作用。本书涉及的栽培技术主要以服务山东花生生产为主，适当兼顾全国其他主产区。因此，在参考本书技术时，应充分考虑当地生产实际情况，适当融入本地"元素"，灵活应用。

　　全书分品种、播种、营养特性、肥料与施肥、病虫草害防控、田间管理与收获、种植制度与种植模式、优质安全等八个部分，介绍了编者团队近十年来积累的新的科研成果和栽培经验。

　　本书的编写与出版得到国家星火计划（2014GA741002）、国家重点研发计划（2018YFD1000906）、国家自然科学基金（31801309、31571617、41501330）、山东省产业技术体系（SDAIT－05－021－04）和山东省农业科学院创新工程（CXGC2021A01）等项目的资助，在此深表感谢。

　　本书由山东省花生研究所牵头组织编写，烟台市农业科学研究院、日照职业技术学院、吉林省农业科学院、广西农业科学院及主产区农技推广部门参与编写。本书在继承传统栽培技术精华的基础上，充分融入了现代花生技术进步的最新成果，使整套技术更适应当下和未来花生生产发展的需要，针对性、实用性更强，可操作性更高。由于作者水平所限，内容难免有疏漏、不足和瑕疵，恳请广大读者和同仁批评指正。

编著者

2021 年 5 月

CONTENTS

目 录

前言

一、品　　种

1. 我国花生不同类型栽培品种有哪些特征？

我国花生栽培品种有普通型、龙生型、珍珠豆型、多粒型和中间型五大类型。

普通型　交替开花型，主茎上不开花。侧枝上花序与分枝交替着生。茎枝粗壮，侧枝多。叶片多为倒卵形，叶色深绿。荚果普通形，网纹浅而平滑。籽仁（种子）饱满，椭圆形或长椭圆形，种皮粉红色或红色。生育期150～180天。株型有直立、爬蔓和半爬蔓三种。爬蔓型品种抗旱、抗病、耐瘠。直立和半爬蔓品种果大、仁大、品质好，适合出口。

龙生型　交替开花型，分枝性强。叶片倒卵形，叶片暗绿色或深灰绿色。荚果多为曲棍形，每荚含籽仁3～4粒，少数2粒。果壳薄，网纹深，果嘴大，籽仁多为圆锚形或三角形，种皮多为淡黄色或浅褐色。籽仁含油率低，蛋白质含量高。做食品加工别有香味。生育期150天左右。植株多为爬蔓型。抗旱、耐瘠，但结果分散，不易收获，生产上已很少种植。

珍珠豆型　连续开花型，主茎上着生潜伏的生殖芽，但很少形成花枝。侧枝上各节连续着生花序。株型直立，分枝少。叶片深绿色或黄绿色。荚果多为蚕茧形或葫芦形，果形较小，多为双仁果，网纹细。籽仁多为小粒或中粒，圆形或桃形，种皮淡红色。生育期120天左右，适宜南方春、秋两熟花生区种植。抗旱能力较强。种子休眠期短。株型紧凑、结果集中、籽仁饱满、品质好，成熟早。是我国目前生产上主要应用的品种类型之一，并有逐步扩大的趋势。

多粒型　连续开花型，二次分枝少。茎枝粗，前期直立，后期向四周倾侧。叶片较大，长椭圆形，叶片淡绿色或绿色。荚果串珠形，每荚3～4粒，果壳厚，网纹平滑。籽仁多为短柱形或三角形，种皮深红色或紫红色。生育期短，120天左右。种子发芽出土快，结果集中，籽仁饱满。在无霜期短的黑龙江、吉林等有一定种植面积。

中间型　由不同亚种杂交产生。该类型有时主茎上着生花序，但分枝上花的着生形式是交替的；有时主茎上不着生花，但分枝上花的着生形式是连续的。这一类型的花生在植物学分类上很不稳定，在后续世代的种植中经常有分离现象，国外称这种类型的花生为"不规则型"。

2. 花生种子（籽仁）主要成分是什么？

脂肪　花生籽仁含有脂肪50%左右。脂肪酸是花生脂肪的重要组成部分，包括饱和脂肪酸（棕榈酸、硬脂酸、花生酸等）和不饱和脂肪酸（油酸、亚油酸、花生烯酸等）。其中油酸含量最高，含量40%～50%，高油酸花生可达到75%以上，其次为亚油酸，含量约30%，含量最少的为肉豆蔻酸，含量不足0.1%。

蛋白质　花生籽仁含有24%～36%的蛋白质。仅次于大豆，而高于芝麻和油菜。花生蛋白质中约有10%为水溶性的，称作清蛋白，其余90%为球蛋白。花生蛋白质中含有大量人体必需氨基酸，赖氨酸含量比大米、小麦粉、玉米高。

碳水化合物　花生籽仁中含有10%～23%的碳水化合物。但因品种、成熟度和栽培条件不同其含量有较大变化。碳水化合物中淀粉约占4%，其余是游离糖，可分为可溶性和非可溶性。可溶性糖主要是蔗糖、果糖、葡萄糖，还有少量水苏糖、棉子糖和毛蕊糖等。蔗糖含量的多少与焙烤花生果（仁）的香气和味道有密切关系。非可溶性糖有半乳糖、木糖、阿拉伯糖和氨基葡萄糖等。

维生素　花生籽仁含有丰富的维生素，其中以维生素E为最多，其次为维生素B_2、维生素B_1、维生素B_6等。维生素B_1易受高温的破坏，而维生素B_2在加热过程中性质比较稳定，损失轻微。

矿物质　花生籽仁约含3%的矿物质。据分析，花生仁的无机成分中有近 30 种元素，其中钾、磷含量较高，其次为镁、硫、铁等。

有关花生风味的挥发性成分　花生籽仁中含有大量化学成分与花生风味有关。迄今，从生花生仁中鉴定出 187 种有机化学成分，绝大部分属挥发性成分，与花生风味有着直接或间接关系。这些挥发性成分包括戊烷、辛烷、甲基甲酸、乙醛、丙酮、甲醇、乙醇、己醛等。其中，己醛是香味的主要成分。

3. 我国优质专用花生分哪些类型？

目前我国所产花生有 50% 以上用作榨油，40% 以上作为食用，食用中有 30% 以上加工成各种花生制品，5%～7% 直接以花生仁出口。

油用花生　油用花生的品质以籽仁脂肪含量为主要指标，脂肪含量愈高品质愈好，要求脂肪含量达 55% 以上，同时考虑脂肪酸组成，不饱和脂肪酸含量愈高，营养价值愈高。

食用、加工用花生　食用与食品加工用花生的品质以籽仁蛋白质含量、糖分含量和口味为主要指标。蛋白质含量高、含糖量高、食味好、品质则好，要求蛋白质含量 30% 以上，含糖量 6% 以上，同时考虑低脂肪含量和油酸/亚油酸比值。

出口专用花生　出口专用花生的品质以荚果和籽仁形状、果皮和种皮色泽、整齐度以及油酸与亚油酸比值、口味等为主要指标。出口大花生要求油酸与亚油酸比值达 1.6 以上，含糖量高于 6%，口味清、脆、甜；小花生要求油酸与亚油酸比值达 1.2 以上，种皮无油斑、黑晕、裂纹。其次，要求无黄曲霉毒素污染，农药等残留量符合相关规定。

高油酸花生　油酸含量在 75% 以上。详见高油酸花生部分。

4. 花生原原种、原种和良种有什么不同？

原原种　指育种家育成的遗传性状稳定的品种或亲本的最初一批种子，其纯度为 100%。它是繁殖良种的基础种子。

原种　指用原原种繁殖 1～3 代或按原种生产技术规程生产的、达到原种质量标准的种子。原种纯度在 99% 以上。

良种　指能够比较充分利用自然、栽培环境中的有利条件，避免或减少不利因素的影响，并能有效解决生产中的一些特殊问题，表现为高产、稳产、优质、低消耗、抗逆性强、适应性好，在生产上有其推广利用价值，能获得较好的经济效益，深受群众欢迎的品种。良种是用原种繁殖的1～3代达到良种质量标准的种子。种子纯度、净度、发芽率分别在96％、99％和80％以上，水分在10％以下。

5. 花生良种选择应考虑哪些因素？

产区生态因素　包括：温度，主要参考历年各月的平均温度、总积温等；水分，主要参考历年总降水量和降水分布情况等；病虫害，主要有早斑病、晚斑病、网斑病、锈病、病毒病、线虫病、青枯病、蛴螬、蚜虫、棉铃虫、金针虫等，要根据当地具体病虫害种类选用抗性品种。

良种特性　不同品种对环境的生存能力是有差别的，要因地制宜选择与当地生态条件相匹配的品种。如产区土壤肥沃，水利条件好，应选择耐肥水高产品种。产区土壤瘠薄、比较干旱，应选择抗旱耐瘠品种。产区活动积温少，应选择早熟品种。

耕作制度及生产条件　长江流域、淮河流域、山东鲁中南山区和鲁西黄河沙土等一年两熟产区，要选择早熟大果品种。华北平原、胶东丘陵等二年三作产区，要选择中熟大果品种，或早熟大果和早熟中果型品种。东南沿海及长江以南一年二熟、一年三熟，或二年五熟制花生产区，或辽东半岛一年一熟、二年三熟制花生产区，应选珍珠豆型花生品种。

产品用途　国内销售和油用为主的花生产区，应选用产量潜力大、含油率高的品种。以原料出口和加工出口为主的产区，应在兼顾产量的同时，选用传统出口大花生和"旭日型"出口小花生品种。在大、中城市周边，以食用为主的产区，要选择早熟、口感好的鲜食品种。

6. 花生引种利用应注意哪些问题？

充分了解被引进品种的特点　首先要了解拟引进品种适宜的生态

类型、选育历史、遗传性状、产量潜力、品质状况、适应性、抗逆性等情况，然后再根据需要与条件进行引进。

气候条件要相近　引种要注意温度、降雨、日照、蒸发量等气候因素的相似性。如山东、河北、河南、皖北、苏北、陕西中部、山西中部，同属北温带大陆性气候，春季比较干旱，夏季高温多雨，秋季凉爽干燥，各省、地间引种极易成功。

先试种后推广　新引进的品种，首先小面积试种，观察、鉴定其对本区生态条件的适应性和在生产上的利用价值，是否有变异，如有变异，可采用去杂去劣、混合选择和单株选择法进行提纯复壮。若引进品种性状稳定，丰产性、适应性、抗逆性等比当地推广种表现良好，可直接引进原原种、原种进行繁殖、推广，也可直接引进良种在生产上推广。

7. 生产中花生品种为什么要经常更换?

解决老品种混杂退化　在花生生产中，由于机械混杂，生物学混杂，品种遗传性发生变化和自然变异，会导致良种混杂退化。使花生生长不整齐，成熟期不一致，产量降低。更换新品种能不断提高花生产量和品质。

加快新品种推广应用　一般说来，新品种更适应生产条件的变化、市场消费的需要以及栽培制度的变革等，在产量、品质、抗病性和适应性等方面优于老品种。因此，根据生产发展的需求，不断更换和推广新品种，能发挥新品种的增产增效作用，加快科技成果转化为现实生产力。

适应生产条件和耕作制度　随着气候、肥水、管理、机械等生产条件的变化，花生种植方式也在不断发生变化。如黄淮地区，种植方式由以前的两年三熟发展到一年两熟，品种由过去的中晚熟品种，改为中早熟品种。

满足市场需求　花生主要用于榨油、食用、加工、出口等，不同品种用途是不一样的。随着花生产业化的发展，优质专用成为花生生产发展的方向。不同时期和区域，市场需求不同，对花生品种的要求不同。以榨油为主的花生品种，应选用含油率高的品种。以出口为主的花生品种，应选用符合出口花生外形和内在品质要求的品种。

8. 如何利用单粒精播快繁技术繁育花生良种?

单粒精播是加速繁育花生良种最有效和最常用的一种方法。

选好地、施足肥 精播良繁田应选土层深厚，耕作层生物活性强，结实层疏松，中等肥力以上，2年内未种过花生的生茬地，土壤质地以沙壤土或壤土为宜。施足基肥。

选好种子 播种前要对种子进行三次筛选，以确保种子纯度和质量。第一次，种子剥壳前对种果进行筛选，剔除虫、蚜果及异（型）种果。第二次，剥壳时继续剔除第一次漏网的虫、蚜果及异（型）种果。第三次，剥壳后对种子进行分级粒选，选一级、二级健粒作种，种量紧张时，亦可从三级种子中选出完好无损的种子播种。先播一级种子、再播二级种子，最后播三级种子。

规格起垄覆膜，精细播种 为了充分发挥单株的增产潜力，精播应采用地膜覆盖栽培。播种前先按标准整地、施肥，然后起垄播种。垄距80~85厘米，垄面宽50~55厘米，垄沟宽30厘米，垄高10~12厘米。要求垄直、面平、土细。播种时先用小镢在垄上开两条沟，沟心距垄边10厘米，沟深3厘米左右。花生穴距根据种子数量适当调整，种量充足可按常规单粒精播穴距播种，即大花生11~12厘米，小花生穴距10~11厘米。若种源不足，可适当稀植，但一般不要大于20厘米。

其他技术同常规栽培。

9. 如何利用侧枝扦插无性繁殖技术繁育花生良种?

在种量极少的情况下，可采用侧枝扦插法加快繁殖。

整地 选有水浇条件的沙壤土，施足基肥，耕翻后耙平耢细或进行旋耕，然后做畦备插。

扦插 从健壮的花生植株上，剪下主茎和侧枝的枝头，长5~10厘米，按株距20厘米，行距30厘米的密度直插在整好的畦内。扦插时间，早熟品种不能晚于7月上旬；中熟品种最好在6月下旬。剪苗时需要锋利的剪刀，从靠近叶节下剪枝，这样的枝条剪口愈合快，成活率高。

管理　插后立即浇水。第一遍水一定要浇透，以后保持地面湿润，直到扦插枝条缓苗开始生长。为防止烈日暴晒，插后要适当遮阴。成活后要及时追肥、浇水，盛花后要做到分次培土，促进花生苗旺苗壮，以便达到早开花、早结果、多结果的目的。扦插后5～7天，喷0.2%或者0.3%的尿素水溶液，促进早缓苗、快生根、多生根。

10. 如何利用简易原种繁殖法进行花生良种的提纯复壮？

花生在播种、收获、摊晒、储藏等过程中，往往易造成人为的混杂，导致良种退化。同时，随着良种使用年限的延长，造成了生长不整齐，成熟期不一致，种性衰退，产量降低。因此，良种即使在推广过程中，也必须坚持经常性的提纯复壮。主要技术包括单株选择、株行比较、混系繁殖原种。

单株选择　为了单株选择方便和提纯复壮，花生要单粒播种，种植密度不宜过大。收获时，首先进行单株选择，选择具有原品种特征、特性、丰产性好的典型优良单株。为保证质量，已经生产原种的，应在原种圃内选择。当选单株要挂牌编号，充分晒干，分株挂藏或分袋保存。播种前再根据荚果饱满度、结果多少、种子形状和种皮色泽等典型性进行一次复选。

株行圃　选择地势平坦、地力均匀、旱涝保收、无线虫病的生荏地块为株行圃。将上年当选单株，单独播种，播种1行，每9行或19行设1行原品种为对照。行长6～10米，行距45厘米，以单株编号顺序排列。观察记载项目：苗期记载出苗期和出苗整齐度；花针期记载株型、叶形、叶色、开花类型、分枝习性、抗旱性等；成熟期记载成熟早晚、抗病性、株丛高矮等；收获期记载收获时间。花生成熟后，先收淘汰行和对照行，后收初选行，并观察记载初选行丰产性、典型性和一致性，荚果形状、大小及整齐度等。性状一致的株行可混合摘果，性状特别优良的株行可单独摘果装袋，标记株行号。

原种圃　要选择中等肥力以上的沙壤土，施足基肥后作为原种圃。将上年株行圃混收的种子，单粒播种，密度不宜过大，要按高产高倍方法繁殖原种。秋季适时收获，搞好贮藏，以供翌年大田生产用种。

11. 高油酸花生有什么优点？

脂肪酸是花生脂肪的重要组成部分，包括脂肪酸和不饱和脂肪酸。不饱和脂肪酸主要有油酸、亚油酸等。油酸被营养学界称为"安全脂肪酸"，是评价食用油好坏的标准之一。普通花生油酸含量一般为35%～55%，油酸含量在75%以上的花生称为高油酸花生。国外也有把油酸含量大于等于70%的称为高油酸花生。

高油酸花生及其衍生品具有很高的营养保健价值。与普通油酸花生油相比，高油酸花生油中花生酸和硬脂酸等对人体健康不利的饱和脂肪酸含量均有不同程度的降低，有效地改善了花生油的营养品质，更加有利于人体健康。研究表明，高油酸花生油能够降低血清总胆固醇、甘油三酯及低密度脂蛋白胆固醇含量，降低血脂水平，减少过氧化物的形成，有助于降低患冠心病等心血管疾病的风险。对于非胰岛素依赖性的Ⅱ型糖尿病、肥胖患者来讲，选用高油酸花生或者花生油来替代饱和脂肪和饱和脂肪油，可促进产生胰岛素，减轻炎症，降低Ⅱ型糖尿病患者血糖水平。此外，还有利于抑制食欲，增强脂肪氧化能力，促进减脂，有利于体重保持在健康水平。

高油酸花生及其衍生品具有较长的货架寿命。与普通油酸制品相比，高油酸花生加工的烤花生仁、炸花生、裹衣花生、烤果、花生酱、花生蛋白粉和花生油等货架期较长，可以有效保证花生制品的新鲜度和稳定性。高油酸花生油可以延缓煎炸油脂的劣变速度，有效延长煎炸寿命。高油酸花生的口感及口味较普通油酸花生更佳，烤花生仁的脆性及细腻度与油酸含量呈显著正相关，油酸含量越高，烤花生仁的口感更脆和细腻。另外，耐贮性是种用花生的重要特性，在我国南方花生产区高温高湿的环境条件下，普通油酸花生种不耐贮藏，种子活力迅速下降。高油酸花生种耐贮性较好，可用于解决我国南方花生产区春花生种子难以用于次年花生生产的问题。

由于高油酸花生在保健及货架寿命等方面比普通花生具有明显的优势，因此，培育高油酸花生品种一直是花生育种工作者的目标之一，目前已取得了突破性进展。我国已培育出一批高油酸花生新品种，如花育 32、花育 951、花育 51、花育 917、开农 H03 - 3、锦引花 1 号等，为高油酸花生规模化种植奠定了基础。

12. 如何根据花生株型选择高产品种？

产量潜力大的品种，其株型一般具有以下特征。

叶色深、叶型侧立　株型紧凑，叶片较小、叶厚，叶片上冲性好，叶片运动调节性能好，冠层光分布合理，耐密植。叶色深绿，叶形侧立（叶片在茎枝上的着生角度小于 45°），群体冠层和株丛下部叶片接受更多的辐射光和透射光，能提高光合效率。

分枝适中　单株分枝枝数 7～10 条，有效茎枝数占 90% 以上。茎少刚健，通风透光。分枝过多的品种无效营养枝相互填挤，田间郁蔽，通风透光不良，不耐密植。但分枝过少则单株叶面积受限制。

连续开花习性　花生存在着花多不齐、针多不实和果多不饱的三对矛盾，限制着产量的提高。连续开花习性的品种结实指数和饱果指数，比交替开花习性的品种高。

果柄短果型大　果柄短比果柄长的品种，果针入土浅，坐果早，结果整齐。大果型品种，每千克果数少于中果型，单株生产力高于中果型。

矮棵耐肥　株高不宜过高，主茎高以 35～40 厘米为宜。此类品种生长稳健，不易倒伏。

二、整地与播种

13. 花生高产栽培对土壤有什么要求？

总体说来，花生抗旱、耐瘠，适应性较广，对土壤要求不甚严格，但要获得高产，要求土壤土层厚、土质沃、结构好、地势平、易排灌。

土层深厚 全土层深 1 米以上，耕作层 30 厘米以上，暄活肥沃，0～10 厘米结实层土质疏松、通透性好，水肥气热协调。

土壤物理性好 泥沙比例 6∶4，容重 1.5 克/厘米^3，总孔隙度 40% 以上，毛管空隙度上层小下层大，非毛管孔隙度上层大下层小。确保土壤既有较好的通透性，又有蓄水保肥能力。

土壤肥力高 耕作层土壤中有机质含量 10 克/千克以上，全氮含量 0.7 克/千克以上，速效磷 40 毫克/千克以上，速效钾 60 毫克/千克以上，活性钙 1.7 克/千克。能够在全生育期持续为高产花生生育提供必要的营养。

土壤酸碱性 土壤呈微酸性，pH 6～7。

生茬 两年以上未种过花生或其他豆科作物。

14. 如何培创花生高产土壤？

深耕改土 深耕可以加厚耕作层，提高土壤蓄水保墒能力，促进土壤熟化进程，加速土壤矿物质养分及有机养分的分解与积累，提高土壤供肥能力。同时，耕层的加厚，有利于花生根系发育，扩大根系吸收范围，提高根系利用深层土壤养分的能力。这样可以相应减少化肥用量。深耕一般可 2～3 年进行一次，最好在冬前进行，来不及的也可在早春进行，深度一般以 30～35 厘米为宜。

加大有机物料的投入　有机质含量对土壤肥力影响很大。增施有机肥或秸秆还田是目前增加土壤有机质含量有效且利于实施的方式。现有研究表明，有机肥与化肥配施比单施化肥能增加花生田细菌、真菌及放线菌数量，提高脲酶、酸性磷酸酶及蔗糖酶活性，增加土壤速效氮磷钾养分含量，进而提高肥料利用率及花生产量。在小麦—花生两熟制栽培条件下，连续两年进行小麦秸秆还田，土壤有机质比不还田处理和试验前分别提高 0.05 和 0.034 个百分点。

轮作换茬　花生重茬可导致土壤理化性质变劣，生产力下降。主要表现在土壤微生物群落失衡和土壤养分失调，病虫害加重，花生生长发育受阻，荚果产量降低。据试验，花生重茬减产 10%～30%，重茬年限长减产重，多年的重茬地产量一般在低水平上徘徊。因此，要获得花生高产，必须进行轮作换茬。轮作的作物主要有粮食作物，以及棉花和蔬菜等非豆科作物，轮作周期要在 1 年以上，时间越长越好。

平整土地，三沟配套　对地面坡度达不到要求或高低不平的地块，要进行整平。同时做到三沟配套，做到旱能浇涝能排。

特别提示：

（1）新开荒地第一年特别适合种花生，在其他措施相同的情况下，至少比一般田增产 20% 以上。

（2）不同土壤类型在产量潜力及田间作业难易程度上差异较大，各有优缺点。一般栽培不宜对土壤类型有挑剔。质地较黏的土壤，不利于田间作业，主要表现在易耕性差，播种质量难以保证，易出现缺苗断垄现象，但土壤保肥水性能好，增产潜力大，更容易获得高产；沙性较大的土壤，有利于田间作业，但保肥水性能差，难以获得高产。

15. 花生种子休眠期长短在花生生产中有何利弊？

具有生活力的种子在适宜的环境条件下仍不能萌发的现象，称为种子的休眠性，休眠所需的时间为休眠期。花生种子休眠的主要原因是种皮障碍与胚内生长调节物质共同作用的结果。不同类型花生品种休眠期差别较大，交替开花型品种 90～120 天，连续开花型品种无

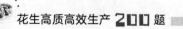

休眠期或休眠期很短。

花生种子休眠时间长短既有利也有弊。休眠期短的花生品种，如不及时收获，会在母株上发芽，降低产量品质。珍珠豆型和多粒型品种休眠期短，收获前土壤湿度大、温度较高时，在土中发芽。收获后不及时晾晒，种子会发芽。

休眠期长的品种在田间低温情况下很难发芽，发生烂种，即使出苗，也很难达到苗全、苗壮，造成减产。普通型和龙生型品种，休眠期较长，播种前带壳晒种 2～3 天或用乙烯利等处理种子，均有利于打破休眠，提高种子发芽率。

16. 南方秋植花生做种为什么可以增产?

采用秋花生种子作种一般较春花生留种的种子增产 20％左右。其原因主要有以下三点。

(1) 收贮较安全

有利于收晒 南方春秋两熟花生绝大多数属于珍珠豆型品种，休眠期短，有的甚至无休眠期。春花生在 7～8 月收获，处于高温多雨季节，易降低种子生活力。有的在收获前已萌动或发芽，降低或丧失了发芽能力。收获后在高温下晒种，种胚易受损。晒种常遇风雨，易造成种子萌芽。而秋花生在 11～12 月收获，气温较低，天气干旱，可减少种子在收获前萌动。晒种过程中，阳光和煦，天晴气爽，不会造成种子萌动从而丧失发芽力，所以秋花生留种发芽率高。

有利于贮藏 秋植花生种利于贮藏有三个原因：一是不易自热和酸化。秋植花生种贮藏期间，处在低温冷凉干燥季节，酶的活动及种子呼吸作用弱，不易发生自热和酸化现象。二是养分消耗少。秋植花生种贮藏时间短，贮藏期间处于低温干燥季节，酶的活动与呼吸作用弱，消耗的养分少，种子的生活力高。三是带菌率低。秋植花生种在低温干燥条件下贮藏，不利于病菌重复侵染，种子带菌率低，不易受霉菌侵染和虫蛀，发芽率高。

(2) 种子活力强

由于春、秋植花生成熟期间气候条件不同，所形成种子的内含物也不同，加上春、秋留种子贮藏条件不同，播种后生理代谢活动有差异，种子的吸胀作用、呼吸强度、物质转化速度等，秋植种子均比春植种子旺盛。

（3）抗逆性较强

耐湿耐旱　秋留种子内所含脂肪较少，在萌发出苗过程中，可相应地减少对氧气的需求，从而表现出较强的耐湿性，遇到干旱时，种子也不易渗油变坏。

抗寒性较强　秋留种子淀粉含量较高，转化成可溶性糖的含量也高，可以保护细胞内的原生质，使其不易于滞流而受害，发芽势及出苗势壮旺，抗寒性较强。

抗病虫害　由于秋留种子发芽快，出苗齐，缩短了种子在土壤存留的时间，减少了病虫、鸟兽危害。

17. 花生播种前如何进行晒种和分级粒选？

晒种　花生种子经过长时间的贮藏，容易吸收空气中的水分，增加种子的含水量。因此，在剥壳前要进行晒种。晒种可增加种皮的通透性，提高种子的渗透压，从而增强吸水能力，促进种子的萌动发芽，特别是对成熟度较差和贮藏期间受潮的种子，效果更为明显。晒种同时对病菌侵染过的种子，可起到杀菌作用。

晒种最好在剥壳前 1 周左右进行。选择晴天，将花生荚果摊成厚约 5～6 厘米的薄层，从上午 9 时后晒至下午 4 时前，中间翻动 2～3 次，连晒 2～3 天，然后剥壳。花生不能晒种仁，以免种皮脱落、损伤种芽，或种子"走油"导致生活力下降，影响发芽出苗。

剥壳　花生剥壳的早晚，对种子的生活力影响很大。剥壳过早，种子失去果壳的保护，容易吸收水分，增加呼吸作用，加快酶的活动，促进物质的转化，消耗大量养分，从而降低种子的生活力。春播花生，由于春季气温低，空气干燥，可在播前 1 个月内剥壳，麦套或夏直播用的种子，播前 5～10 天内剥壳为宜。剥壳时随时去掉与该品种特征不符的异形果及芽、虫、烂果。做种用的花生荚果手工剥壳为好，不伤种子，不宜采用机械剥壳。

分级粒选　成熟饱满的荚果内所含的种子大小也不一致，故剥壳后要对种子分级粒选。饱满完整、皮色鲜艳的大粒种子，含养分多，生活力强，用来作种增产效果明显。山东省对比试验表明，分级与不分级相比，一级种子增产16.4%，二级种子增产4.3%。因此，花生种子播前必须分级，方法是发育充分饱满的粒为一级，发育中等（种子重为一级米的1/2～2/3）为二级，重量不足一级种子一半的及杂色米、虫蚜米、破损米等为三级。播种时仅用一级、二级种子，先播一级，再播二级。经过分级，种子大小均匀，播种后发芽出苗整齐一致，为丰产奠定了基础。

一级种子　　　　　　　二级种子　　　　　　　三级种子

特别提示：花生种子如果用机械脱壳，播种前需用杀菌剂拌种或用种衣剂包衣。否则易发生烂种或根茎腐等病害。

18. 花生播种前如何做发芽试验？

花生种子在贮藏期间，往往因为管理不善而受到损伤。因此，在剥壳前需进行发芽试验，测定发芽势和发芽率。48小时内发芽种子占试验种子总数的百分数为发芽势，72小时内发芽的百分数为发芽率（以胚根长度3毫米或3毫米以上为准）。具体测定方法：从种子中取有代表性的荚果，剥壳后分级粒选。取一级和二级种子，每50粒为一个样本，重复3～4次，进行发芽试验。先将种子在温水中浸泡2～4小时，使种子吸足水分，取出后放入干净的碗碟内，用多层洁净的湿布或毛巾盖好，在25℃左右的条件下保温，使其萌发，每天喷淋温水1～2次，保持种子湿润。从第二天起，每天检查记录发芽种子的数量，确定发芽势和发芽率，鉴别种子质量。

发芽势80%以上、发芽率100%的为优

种，可放心使用；发芽势60％以上、发芽率95％以上的为一般种子，可通过剥壳前晒果等措施提高种子活力，也可正常使用；发芽势60％以下、发芽率95％以下，一般不能作为种子使用。

19. 花生常用拌种剂有哪些?

花生常用拌种剂主要有农药（主要是杀虫剂、杀菌剂）、化肥（主要是微量元素）、生物菌肥和其他（主要是保水剂、抗旱剂）等，不同种类的拌种剂作用不同，可根据当地具体情况选择使用。

药剂拌种　播前每公顷种子用70％噻虫嗪（锐胜）300～450克或60％吡虫啉（高巧）450毫升＋2.5％咯菌腈（适乐时）300～450毫升拌种。防治地下害虫、地上蚜虫及根（茎）腐病等。拌种要均匀，拌种后阴干待播。

也可用成型的种衣剂拌种。种衣剂内含有警戒颜色，表明含有剧毒物质。包衣和拌种时都要戴乳胶手套，操作结束后用肥皂洗净手。洗刷包衣用具和种子容器的废水，要选择远离水源的地方深埋。种子包衣后及时晾干，务必妥善保存，严防人畜误食中毒。

微量元素拌种　常用微量元素拌种主要有钼和硼两种。钼肥主要用钼酸铵或钼酸钠，用量一般每公顷种子用150～200克，配成水溶液，均匀喷雾在种子上。可增强花生根瘤菌固氮能力，促进植株发育和果多果饱。常用的硼肥主要有硼酸和硼砂，用量为每千克花生种子用0.4克，加适量水溶解，直接喷洒种子，拌匀晾干后播种。对由于土壤缺硼而导致的花生籽仁不饱、子叶空心等症状效果明显。用钼肥或硼肥拌种，要严格掌握用量，过量会导致毒害，造成减产。

生物菌剂（菌肥）拌种　生物菌剂的种类很多，其作用也不尽相同，如枯草芽孢杆菌主要功能是增加作物抗逆性，磷细菌可降解土壤中有机磷，提高土壤中有效磷的含量，硅酸盐细菌能够将土壤中难溶性钾及磷溶解出来为作物本身利用，根瘤菌主要功能是固定大气中的氮为花生生育提供氮素。应用时可根据当地生产情况选择一种菌剂拌种，具体用量因种类不同而异，要严格按照菌剂说明书上推荐的用量进行，不可随意加大用量。

保水剂拌种　农用保水剂是一种优良的保水材料，可吸收种子自身重量数百倍的水分。花生播种前拌种，能改善种子周围的水分状况，提高种子发芽率，有很好的抗旱、节水保苗效果。适于春旱严重的花生产区和旱薄地应用，可增产10%左右。使用时可先湿润花生种子，将相当于干种子重量2%～5%的保水剂均匀撒在种子表面，然后拌匀。拌好的种子摊开晾干后，即可播种。

抗旱剂拌种 抗旱剂具有降低叶片气孔开张度、减少水分蒸发、促进根系发育等作用。目前我国推广应用抗旱剂主要有抗旱剂1号、黄腐酸、FA旱地龙等，其有效成分均为黄腐酸。一般每千克种子用抗旱剂1号5克或FA旱地龙0.2毫升拌种，拌匀后堆闷2～4小时即可播种。也可每公顷用黄腐酸粉剂750克浸种12小时。

特别提示：经过拌种的种子，会减慢发芽速度，延长出苗时间，烂种概率提高，因此，北方产区拌种后一般要适当晚播。生产中因拌种而导致缺苗的事件屡有发生，切勿大意。

20. 为何不再提倡带壳播种和浸种催芽？

带壳播种和浸种催芽是花生传统技术。北方春季雨少风大，土壤易跑墒。带壳播种可将花生播种期提前到3月下旬至4月上旬，比常规米播提早1个月左右。这样可借早春土壤墒情好的有利条件进行播种。随着生产技术水平的提高，这项技术弊大于利。一是不适合机械播种；二是出苗率普遍偏低，多数情况下比常规米播减产；三是该技术播种前需要进行选果、剥果、浸种等工序，费工费时。

浸种催芽是花生取得全苗和缩短出苗期的有效措施，但该技术应用过程存在许多问题。一是催芽后不适合机械播种；二是对播种进程要求高，要求种子胚根刚突破种皮"露白"为宜，要随催芽随播种，播种时间不能拖得过长，且种皮易脱落，种皮一旦脱落，在土壤中易被菌类感染而烂种；三是一般农户不具有催芽设备，操作过程一旦有失误，易造成烂种。

21. 如何确定花生适宜播期？春花生过早或过晚播种有什么危害？

春花生适宜播期的确定主要是基于品种发芽、出苗对温度的要求。珍珠豆型早熟小花生品种，适宜播期为 5 日内 5 厘米地温稳定在 12℃以上，普通型等晚熟大花生品种适宜播期为地温稳定在 15℃以上，高油酸品种稳定在 18℃以上。

北方产区若花生播种过早，因为温度低，达不到花生出苗所需温度，或即使勉强达到，出苗所需时间也长，种子在土壤内遭受菌类侵染机会增多，易造成烂种缺苗。即使出了苗，由于开花期提前，温度低，开花慢，开花散，花期拉长，前期形成的果易成为伏果（过熟果）、芽果或烂果，降低产量和品质。若播种过晚，由于温度高，植株生育加快，光合时间缩短，干物质积累少，单株果数少，充实度差，产量低。另外，播期过晚，花生出苗期温度高，覆膜花生会因膜下温度过高而"烤苗"，影响幼苗正常出土，轻者造成生长点腐烂，重者死苗。因此，播种后播种行膜上需压一条高 4～5 厘米的土带（或堆），以降低膜下温度，避免高温伤苗。

22. 花生拌种要注意哪些问题？为什么提倡"早播不拌种，拌种不早播"？

花生拌种要注意以下事项。

针对性要强 根据当地生产上影响产量的主要因子选用拌种剂。例如，若当地病虫害严重，可选杀虫、杀菌剂，或种衣剂；若要培育壮苗，可选微肥等；土壤墒情不足或旱薄地，可选保水剂。

严格控制剂量 拌种剂的用量要准确，要严格按说明书推荐剂量和拌种方法拌种。剂量过低，效果不佳，剂量过大，易引起烂种。拌种后，种子需晾干后方可播种。

注意用药安全 用农药拌种，操作时要戴口罩和乳胶手套，播种后要深埋口罩、手套，及时洗手洗脸、更换衣物。

妥协处理剩余种子 拌种要根据所种面积确定种子数量，尽量不剩或宁可稍欠也不多余。播种时一旦稍欠，可用没拌过拌种剂的种子补缺。一旦有剩余，不管用什么拌种剂拌的种，均不可再食用。

适当晚播 拌种会延迟花生出苗时间（调节剂类的拌种剂除外），春花生拌种后要适当晚播，缩短种子在土壤中的停留时间，降低烂种风险。

早播不宜拌种 花生最好适期播种，但对于以雨养农业为主的作物，春季如果降水略早于播种适期，借雨抢墒播种也是保障花生苗全的一项措施。但此时温度一般偏低，花生出苗时间比适期内播种的要长一些，此时若拌种，出苗时间更长，种子在土壤中时间越长，烂种的概率就越大。生产中时常出现同一块地品种和播期相同，拌种的烂种了，未拌的出苗正常，多数情况下，这并非是拌种剂有问题，而是拌种后不应早播。所以花生提倡"早播不拌种，拌种不早播"。

23. 哪些因素易造成花生烂种缺苗？

播种过早 北方产区花生播种过早，因为温度低，出苗时间延长，种子在土壤内遭受病虫侵染机会增多，易造成烂种缺苗。因此，花生播种要尽量在适宜播期内播种。

连作（重茬） 花生连作地块，土壤中病菌多，害虫基数大，易造成烂种缺苗。与非豆科作物进行2～3年的轮作可显著降低土壤中病虫源基数。

种子质量 种子贮藏时间过长，贮藏方法不当或环境潮湿，造成种子霉捂带菌，虫口损伤，剥壳时间过早等，均能降低种子生活力，影响发芽出苗，造成花生烂种缺苗。种子应贮藏在低温干燥的环境中，剥壳前带壳晒种，尽量缩短剥壳与播种的间隔期，剥壳后精选种子等，可有效解决因种子质量低造成的烂种现象。

施肥质量 施用没有充分腐熟的畜禽粪便，或种肥用量过大或种子接触化肥颗粒，均能导致烧种、烂芽和缺苗。

土壤墒情 花生种子大，发芽时绝对吸水量多，幼苗出土适宜土壤水分为田间最大持水量的60%～70%，低于40%，种子不能正常发芽出苗，高于80%易烂种。春播花生要在适宜播期内有墒抢墒，无墒造墒播种。

播种深度 播种过深超过7厘米，出苗慢，苗不壮，遇到低温易烂种；播种过浅（浅于3厘米），种子容易落干，出苗率低。生产实践证明，花生播种深度一般3～5厘米为宜。

播后低温阴雨 播种后种子胚根长出2～3厘米，抗寒力较差，遇到不良天气，容易烂种或烂芽。播种后日平均气温连续3天以上低于 13℃，并伴随阴雨，土壤水分过多，会发生烂种。日平均气温 13℃连续 5 天以上，无降雨也会烂种。适期晚播，可降低低温危害频率，加快花生出苗速度，有利于苗全苗壮。

药剂使用不当　除草剂、拌种剂等药剂使用不当，会影响种子发芽和出苗。花生拌种时要严格掌握拌种剂的用量。春花生要注意适当晚播。

24. 如何做到花生一播全苗？

（1）精细整地　花生应选择生茬地，冬前或早春深耕 25～30 厘米，结合耕地，增施肥料，耕地后要耙平耢实，无明、暗坷垃，以达到提高播种质量的目的。

（2）严格种子处理　花生播种前要及早检查所贮藏或所购种子是否回潮、受冻、霉捂，并取样进行发芽试验，只有达到发芽质量标准的种子才能做种，否则要及时更换；种子剥壳前要带壳晒种 2～3 天，以增强种子内各种酶的活性，提高发芽率和发芽势；剥壳后进行分级粒选，选用一、二级大粒健米作种。

（3）适期播种　珍珠豆型早熟品种，适宜播期以 5 天内 5 厘米地温稳定在 12℃以上为宜，普通型等晚熟品种地温稳定在 15℃以上，高油酸品种稳定在 18℃以上。北方大花生产区以 4 月下旬至 5 月上旬播种为宜，长江流域 4 月上、中旬，江苏、安徽 4 月下旬为宜。南方花生产区的广东、广西南部以 2 月中、下旬为宜，中部、北部及福建以 3 月中、下旬为宜。

（4）确保播种质量

土壤湿度　要足墒适墒播种，确保播种层土壤水分为土壤最大持水量的 60%～70%。如冬前和早春降水较少，土壤墒情不足，要提前灌水造墒；如果土壤含水量过高，要进行散墒，为种子发芽出苗创造良好的水分环境。

播种深度　覆膜栽培深度以 3 厘米为宜。露地栽培深度以 4～5 厘米为宜，土质较黏，湿度较大时，可适当浅一些；土壤沙性较大，墒情较差时，应适当深一些。

覆土镇压　播种后，覆土深度要一致，覆土后要适当镇压，使种子与土壤紧密接触，利于吸水萌动，避免播种层悬空透气跑墒，造成种子落干缺苗。特别是露地垄作栽培，播种层松暄，垄面较窄，容易播浅，播种后要及时镇压，使垄土沉实，土种密接，以利提墒保全苗。

25. 什么是花生"干播湿出"播种法？

花生"干播湿出"是指播种时土壤湿度达不到出苗所需要的适宜湿度，为抢时播种，采取先播种后补水的一种播种方式。该技术主要用于以下几种情况。

春花生水肥一体化栽培 在少雨干旱地区，为使花生能在适宜播期内播种，利用滴管技术，采用先播种后滴水的方法，可确保花生正常出苗。即先按常规程序进行播种和铺设滴管。播种后进行滴水补墒，以满足种子发芽和出苗对水分的要求。注意此时应严格控制滴水量，补水过多会引起土壤温度大幅下降，延缓花生出苗，甚至烂种。例如，用孔距20厘米的滴灌带、流量为3.2升/小时设备时，可滴6~8小时。

麦后夏直播花生 要取得麦后夏直播花生理想产量，一般要求麦收后花生播种前的农耗时间最好控制在3天以内，不得超过5天。以确保花生有足够的生育天数。麦收后若土壤墒情不足，可先灭茬整地和起垄播种，播种后1~2日内顺垄沟进行小水润浇。浇水量不宜过大，保证花生出苗即可。

麦套花生 为确保花生能在适期内套种，可先播种，然后结合浇小麦，对土壤进行补水。小麦生育后期，由于群体耗水量较大，花生出苗前，极易出现种子发芽后"落干"的现象。小麦产量水平中等以上的田块，花生出苗前一般还需再浇水1~2次，才能确保花生正常出苗。

该技术一般不用于北方产区常规覆膜栽培的田块。由于北方产区春季温度较低，且不稳定，多数情况下，土壤温度是影响出苗的主要因素。常规覆膜栽培只能顺垄沟浇水补墒，而这种浇水方式的水量是很难控制的，绝大多数情况下，浇水量都大大超过了土壤需水量，导致土壤温度大幅骤降，且维持较长时间，低温和土壤通透性下降双重因素叠加，极易引起花生烂种。

26. 地膜有哪几种？哪些可以大面积应用？

塑料地膜主要有以下几种。

无色透明膜　生产上应用最为普遍的地膜，聚乙烯材质。该膜土壤增温效果好，一般可使土壤耕层温度提高 $2\sim4℃$。

黑色膜　黑色膜是在聚乙烯树脂中加入 $2\%\sim3\%$ 炭黑制成的。该膜太阳光的透光率较少，热量不容易传给土壤，因而防止土壤水分蒸发的性能比无色透明膜强，能显著地抑制杂草生长。

绿色膜　在聚乙烯中加入绿色染料，能明显抑制杂草生长。由于绿色染料对膜有一定破坏作用，所以缩短了膜的使用寿命。

黑白双面膜　克服了黑色膜的一些缺点，它一面是乳白色，另一面是黑色。盖膜时乳白色的一面向上，可以反射阳光降低膜温，黑色的一面向下，用来抑制杂草生长。

除草膜　利用含有除草剂的树脂加工制成的一种特殊薄膜，除草效果明显。该种膜在日本广泛应用。

防虫膜　一种用于预防病虫害的地膜。该种薄膜在制造时，没有添加任何农药成分。这种膜以透明或黑色膜为底基，沿着纵长方向均匀排列银色宽条。它是利用昆虫对色彩的反应原理而设计制造的，对提高地温和抑制杂草等效果与一般透明或黑色地膜相近。

蓝色膜　该种膜的主要特点是保温性能好。在弱光照射条件下，透光率高于普通膜，在强光照射条件下，透光率低于普通膜。

银灰色膜　此种膜具有反射紫外线、驱避蚜虫的作用。对由蚜虫迁飞传染病毒有积极的防治作用，还有保持水土和除草的作用。其对土壤的增温效果介于透明膜和黑色膜之间。

银黑双色膜　该种膜上为银灰色，下为黑色。其优点是集银灰膜和黑色膜于一身，既能抑制杂草，同时对蚜虫、蓟马等常发害虫有一定的驱逐效果。

红色膜　该种地膜比黑色地膜更能刺激作物生长，植物会利用更多的能量进行地上部分的光合作用。

红外膜　在聚乙烯树脂中加入透红外线助剂，使薄膜能透过更多的红外线，增温效果可以提高 20% 左右。

可降解膜 分为光降解地膜、生物降解地膜和光生双降解地膜三种，可以减轻残膜对环境、土壤和后茬作物的影响。光降解地膜是在聚乙烯中加入光敏剂，生物降解地膜是在聚乙烯中加入淀粉，光生双降解地膜是在聚乙烯中加入光敏剂和淀粉。

上述地膜中生产上大面积应用的主要有无色透明膜、黑色膜、银黑双色膜等。

27. 降解膜效果如何？应用前景如何？

降解膜是为适应社会对于环境保护的需要而产生的一种新型地膜。当前降解膜主要有两种，光降解膜和生物降解膜。光降解膜是在聚乙烯中添加光敏剂，利用光对地膜的照射作用使地膜破碎，变成有机物质、CO_2 及尘土，从而使地膜降解。目前这种地膜存在一定缺陷，一是花生当季接受光照较多的部分只能裂解成碎片，而达不到真正意义上的分解。如果增加光敏剂的比例，地膜降解比例增加，但随着而来的是降解期提前，进而降低或失去地膜的作用。二是花生植株周围被遮光的部分及埋在土壤中的部分，往往不能降解，或降解很轻，达不到降解的目的。花生收获后这些地膜被翻入无光照条件的土壤中，也无法继续降解，对土壤仍存在一定的污染。因此，这种地膜难以在花生上推广应用。

生物降解膜是在聚乙烯中添加淀粉，主要是玉米淀粉和马铃薯淀粉。生物降解膜的降解机理是在不易被微生物侵蚀的高聚物中混入易于被微生物降解的淀粉，当淀粉被土壤中的微生物分解后剩余的高聚物以松散的海绵状存在，并出现裂解。这种地膜的缺点是由于微生物的活动受土壤温度、水分等生态环境影响较大，因此，不同生态区及年份间，甚至同一地区不同类型土壤，其降解程度存在较大差异，地膜的保温保湿和增产效果表现出较大的不稳定性，这是目前影响生物降解膜大面积应用的主要因素。

28. 何为"双控"地膜？有何优点？

在聚乙烯原料中加入光敏剂和淀粉，成为"双控"地膜，其将光敏剂体系的光降解机理与淀粉的生物降解机制结合起来，融合了光解地膜和淀粉地膜的优点，克服了各自的缺点，使地膜降解性能更符合农艺的要求。因此光—生物"双控"降解薄膜是更有前途的一种新型地膜。

29. 何为双色膜？有何优点？

双色地膜采用银灰色与黑色的双色组合，上为银灰色，下为黑色。其优点是集银灰膜和黑色膜于一身。黑色膜具有弱透光性，可阻止光线的射入，抑制杂草，免喷除草剂。银灰色膜具有较强的反射紫外线功能，对蚜虫、蓟马等常发害虫有一定的驱逐效果。另外，银黑地膜较厚，可达到 0.025 毫米，是普通膜的 2 倍以上，地膜强度大，在田间不易破裂和被春风掀掉，同时也有利于地膜回收，减少地膜对土壤的污染。

30. 如何减轻地膜的污染？

要有效控制地膜污染，一是增加地膜厚度，利于地膜回收；二是研制降解地膜。

增加地膜厚度，有利于地膜回收 多年来，我国农用地膜采用的是国标 GB 13735—1992，该标准规定地膜厚度为 0.008±0.003 毫米，出于降低成本考虑，实际生产的农用膜厚度多为 0.005～0.006 毫米，这种超薄膜的回收难度大，污染重。为消除地膜污染，2017 年 10 月 14 日国家标准委正式颁布了新修订的《聚乙烯吹塑农用地面覆盖薄膜》强制性国家标准（GB 13735—2017），从 2018 年 5 月 1 日起正式实施。新标准地膜厚度不得小于 0.010 毫米，偏差不得高出 0.003 毫米，低出 0.002 毫米，为从源头上促进地膜回收提供了强有力的技术支撑和法律保障。

建立地膜回收工程 要有效控制地膜污染，还要健全农膜回收运行机制。2017 年，农业部在多省市进行了以旧换新、经营主体上交、专业化组织回收、加工企业回收等多种回收利用途径，探索地膜回收利用机制，拉开了消除地膜污染的序幕。

研发新型降解地膜 让地膜在土壤中自动降解，理论上是消除地膜污染的最好途径。我国自 20 世纪 80 年代以来，一直探索通过降解地膜消除地膜污染的可能性，先后研制出光解地膜、淀粉降解地膜以及二者的混合地膜（双解地膜），但由于这些降解地膜的降解程度取决于生态条件（主要是光温湿），而不同产区或年份生态条件存在较大差异，因此，地膜的降解存在较大的不稳定性，这种不稳定性直接影响了地膜的覆盖效果和增产性能，这是目前降解地膜尚不能在生产上广泛应用的主要原因。

31. 花生地膜覆盖有哪些优缺点？

花生地膜覆盖栽培是在花生播种后在土壤表面覆盖一层聚乙烯塑料地膜。该技术起源于日本，1978 年从日本引入我国，在花生、棉花等多个作物上试用并获得成功。随后在我国花生主产区迅速推广。地膜覆盖一般可使花生增产 10%～15%，多者高达 20% 以上。该技术已成为我国花生栽培不可缺少的生产技术。

地膜覆盖有助于花生增产。一是提高土壤温度和湿度，加快花生生长发育。塑料地膜透光率一般在 80% 以上，因而可显著提高表层土壤的温度。据观测，覆膜花生 0～15 厘米的土层日平均温度比露地栽培高 1～2℃。同时由于地膜的不透气性，可有效降低土壤水分的蒸发，保持土壤湿润。二是增加了土壤的松暄度。覆膜栽培可以免除花生田间除草等工序，因而可大大减少人畜在田间的践踏次数，保持了土壤的疏松。据观测，覆膜栽培的土壤孔隙度比露地栽培一般增加 2～3 个百分点，容重降低 3%～5%。三是促进了土壤养分的转化。增温保湿和土壤松暄度的提高促进了土壤中好气性微生物的活化和各种酶的活性，加速了土壤中营养物质的分解与转化，提高了土壤中有效养分的含量，促进了花生的生长发育。

地膜覆盖也存在着负面效应。一是白色污染。花生收获后约有 40%～60% 的地膜残留在土壤中。这些聚乙烯塑料地膜在自然界中很难分解，造成土壤耕作层中残膜不断积累。据试验，当地膜每公顷残留量达 45 千克时，农作物将减产 10% 以上。这一现象被称之为农业生态环境中的"白色污染"。要有效控制"白色污染"，最有效的途径是健全农膜回收运行机制。二是易加重烂果程度。由于花生覆膜后土壤与大气相互间的气体交换受到限制，在花生生育后期如果雨水过多，而田间排水又不畅时，地膜覆盖会加重烂果程度。

32. 花生地膜有哪些要求？

花生地膜覆盖是一项精种高产、高效的栽培技术，为了充分发挥地膜增温调温、保墒抗旱和保持土壤松暄的作用，花生地膜应达到以下五个方面的要求。

材质 花生地膜覆盖初期，我国从日本引进的地膜是以高压聚乙烯（LDFE）为原料，厚度为 0.015 毫米左右的普通地膜。为了降低成本，提高经济效益，我国自主研制低压聚乙烯（HDPE）、线性低密度聚乙烯（LLDPE）和几种聚乙烯共混的超薄地膜。地膜的厚度显著降低，用量也随之减少。

宽度 花生地膜覆盖为全覆盖，即地膜宽度和垄宽（包括垄面和垄沟）相同。因此，地膜宽度以 80～90 厘米为宜。南方易涝地区，可采用宽畦高垄种植方式，地膜宽度 100～200 厘米为宜。

厚度 多年来，我国农用地膜采用的是国标 GB 13735—1992，该标准规定地膜厚度为（0.008±0.003）毫米，出于降低成本考虑，实际生产的农用膜厚度多为 0.005～0.006 毫米，这种超薄膜的回收难度大，污染重。为消除地膜污染，2017 年 10 月 14 日国家标准委正式颁布了新修订的《聚乙烯吹塑农用地面覆盖薄膜》强制性国家标准（GB 13735—2017），从 2018 年 5 月 1 日起正式实施。新标准地膜厚度不得小于 0.010 毫米，偏差不得高于 0.003 毫米，低于 0.002 毫米。

透光率 地膜的颜色有黑色、乳白色、银灰色、蓝色和褐色等，但增温效果仍以透明膜最好，其透光率≥90％。一般花生地膜的透光率≥70％为宜，若透光率＜50％，会严重影响太阳辐射热的透过。

展铺性能 地膜应不粘卷，不破碎，容易覆盖，膜与垄面贴实无褶皱。断裂伸长率纵横≥100％，确保人工和机播覆膜期间不碎裂。覆盖后，维持 3 个月以上不破碎，做到日晒不起泡，大风吹不裂。

33. 花生地膜覆盖播种应注意哪些关键技术环节？

忌连作 无论什么类型的土壤，均应避免重茬，与其他作物的轮作至少 1 年，时间越长越好。

深耕翻 冬前早春进行耕地，耕地前铺施基肥（包括有机肥、化肥等），深耕年份深度一般 30～35 厘米，其余年份 25～30 厘米。

因产施肥 根据花生的需肥特点，每生产 100 千克荚果需施有机肥 40～50 千克，化肥施纯 N 1.5～2.0 千克，P_2O_5 0.5～0.7 千克，K_2O 2～2.5 千克。另外，每 2～3 年施 1 次钙肥和微量元素肥料。酸性土壤每公顷施石灰 450～750 千克，或石灰氮 300～450 千克等生理碱性肥料，碱性（或盐碱地）土壤每公顷施石膏 450～600 千克。微肥一般每公顷施硼砂（或硼酸）和钼酸铵各 7.5 千克，硫酸锌 7.5～15 千克。也可施用复合微肥。

有机肥、氮磷钾化肥做基肥，结合耕地均匀施在耕作层，也可留出 1/3 的化肥用播种机上的施肥器随播种一起进行。石灰、石膏等钙肥，于播种前旋耕后撒施在地表，起垄时将其包施在 0～10 厘米的结果层，有利于荚果吸收利用。微肥及石灰氮可与有机肥耕地前一起撒施。

选择高质量的地膜 选用厚度 0.01 毫米的白色透明地膜。除草膜、有色膜等功能地膜，质量可靠也可以使用。慎用降解地膜。

选用良种 无霜期较长、热量充足的地区，地膜覆盖宜选中熟大果丰产品种；无霜期短、热量受限的地区，宜选早熟或中早熟小果或中果品种。播种前做好晒种、分级粒选、药剂拌种等工作。

合理密植 覆膜栽培一般采用起垄双行种植方式。春播垄距 80～90 厘米，垄高 10～12 厘米，垄面宽 50～60 厘米，垄上播 2 行，垄上小行距 30～40 厘米，穴距 15～18 厘米。夏播垄距 80～85 厘米，垄高 10～12 厘米，垄面宽 50～55 厘米，垄上播 2 行，垄上小行距 30～35 厘米，穴距 14～17 厘米。机械收获的地区，垄上行距可控制在 28～33 厘米。

适时足墒播种 山东鲁西、鲁南适宜播期为 4 月 25 日至 5 月 10 日，鲁东为 5 月 1～15 日，高油酸花生可比普通花生播期推迟 5～7 天。土壤水分为田间最大持水量的 60%～70%，即耕作层土壤手握能成团，手搓较松散时，最有利于花生种子萌发和出苗。

提高播种质量 春播花生播种前用旋耕机旋地 1～2 遍，做到地平、土细、肥匀。选用农艺性能优良的花生联合播种机，将起垄、播种、覆土、镇压、喷施除草剂、覆膜、膜边压土、膜上覆土（播种行上方）一次完成。要求播种行上方的覆土高度在4～5厘米。过高会影响出苗，过低起不到应有的作用。夏直播花生前茬作物收获后按照灭茬—施肥—耕翻—旋耕—机械播种的程序进行播种。无论哪种播种方式，要做到穴距均匀，深浅一致（3厘米左右）。除草剂可用金都尔每公顷1 350～1 500毫升，兑水750～900千克。

　　特别提示： 在播种行上方覆盖4～5厘米的土带，至少有三个作用：一是具有温度双向调节作用。春花生出苗期间可起到保温作用，防止倒春寒引起烂种；夏花生出苗期间可起到降温作用，防止地膜高温"烤苗"。二是由于土带的压力作用，花生幼苗可自行"突破"地膜，免去人工破膜的工序。三是保护地膜不被大风吹裂。

34. 花生地膜覆盖栽培人工覆膜播种有哪两种方式？

　　覆膜花生人工播种可分为先覆膜后打孔播种和先播种后覆膜两种。

　　先覆膜后打孔播种　为保持土壤水分和减轻劳动负担，于花生播前趁墒覆膜。覆膜前，先用拖拉机或犁按标准起好花生垄，垄面荡平后，用小犁或先由两人用小沟镢沿垄的两边开沟搜边，后由1人沿垄面和垄边喷施除草剂。其后由1人沿垄铺放地膜，最后由2人在垄两边脚踩膜边，并用镢头掩土压紧膜边。为确保除草剂的效果，要边喷除草剂边覆膜。膜破碎处应用湿土压严。为防止地膜被风吹起，每隔4～5米在膜上横压一条土带（或土墩）。

　　播种时采取打孔、浇水（如需要）、放种、施药（如需要）、封孔盖土5道工序连续作业。打孔时，可用木制打孔棒或铁制打孔器，孔直径4～4.5厘米，深3厘米，并在其上横装一标尺16～18厘米，以控制孔深和穴距。按密度规格在膜面上打两排播种孔。将孔膜取出，逐孔用水壶浇水，待水下渗后，播两粒种子。然后用湿土封孔，轻轻按压，防止孔空。再在膜孔上盖厚约4～5厘米的馒头状土堆，以保温保湿和避光引苗。

　　该方式优点：①如果在花生适宜播期前下雨有墒，可先覆膜保墉，待适期时再播种，即播种覆膜可错期进行；②当播种出苗期温度过高时，尤其是夏直播花生，可以避免由地膜引起的高温烤苗现象；③可省去破膜放苗工序。缺点是花生出苗前地膜的保温保湿效果比先播种后覆膜方式差。

先播种后覆膜　在起好垄的垄面上，按规格用镢或犁子开两条播种沟，种沟距垄边10厘米左右，沟深3厘米，墉情差要顺沟浇少量水，待水下渗后，按穴距规格播上种子，然后覆土荡平垄面，再按以上步骤覆盖地膜。

该方式优点是花生出苗前地膜的保温保湿效果好，缺点一是播种覆膜不能错期进行；二是当播种出苗期温度过高时，如果播种行上方没有实施压土工序，很易造成地膜烤苗现象；三是需要人工破膜放苗。

先覆膜后播种　　　　先播种　　　　后覆膜

特别提示：无论采用哪种覆膜方式，覆膜后要求垄向直、垄面平、垄坡陡、膜边压土充分。

35. 什么是花生单粒精播？其技术要点有哪些？

我国传统的花生种植方式是每穴播2粒种子，每公顷播12万～15万穴，公顷用种量（荚果）大花生330～370千克、小花生270～300千克，每年用种量约占花生总产的8%～10%，不仅用种量大、成本高，而且在高产条件下，群体与个体矛盾突出，群体质量下降，产量降低。单粒精播是将传统的每穴2粒种子改为每穴1粒，并适当增加穴密度。一般情况下可比常规双粒穴播节种1/3～1/4，荚果产量略高于或相近于常规的双粒穴播。采用花生单粒精播技术应注意以下几点。

规格播种，密度适中　大花生每公顷播20.5万～22.0万穴，小花生每公顷播 22.0 万～23.0 万穴。采用地膜覆盖栽培的，垄距 80～85 厘米，垄面宽 50～55 厘米，垄高 10～12 厘米，垄上播 2 行花生，垄上行距 30～35 厘米，大花生穴距 11～12 厘米，小花生穴距 10～11 厘米。密度过低，易因群体不足而减产，密度过大，节本效果不明显。由于精播栽培花生穴距相隔较近，采用传统人工抠膜放苗方式易使地膜苗孔相连，引起垄上膜面纵向撕裂，降低地膜的保温保湿效果，遇大风地膜更易被风吹掉。因此采用联合播种机播种的，可通过播种机在播种行上方压一条高 4～5 厘米的土带，即用膜上覆土法引升花生子叶自动破膜出土，省去花生出苗后人工破膜放苗的工序，人工播种的覆膜后要人工压土。

选择适宜品种　单粒精播是以充分发挥单株增产潜力为基础，通过创建健壮个体，构建合理群体，进而获得群体高产。因此单粒精播应选择植株生长势强、产量潜力大的品种。

精选种子　单粒精播要求种子发芽势 80％以上，发芽率 98％以上，因此在种子选择上比双粒播更为严格，一要选发芽势和发芽率高的种子，二要选粒大、色艳、活力强的种子。

确保一播全苗　要注意精细整地，提高播种质量。在适期、适墒时播种，保证花生按时出苗，整齐一致。

特别提示：

（1）单粒精播适用于中高产土壤，旱薄地或低产田不提倡应用，以免引起减产。

（2）单粒精播务必在播种行上方压土 4～5 厘米，以引升花生子叶自动破膜出土，避免人工破膜放苗造成垄面地膜的纵向撕裂。

（3）单粒精播大面积应用的条件：一是要有商品化选种，保证种子大小均匀一致及种子活力；二是精播机械的播种质量能够达到农艺的要求。二者缺一不可。

36. 什么是花生 AnM 栽培法？其技术要点有哪些？

花生具有半无限生长习性，花期长，果针形成和入土结实时间跨度大，早期入土形成的荚果因在土中时间过长而形成过熟果（亦称伏果）或虫芽烂果，影响产量和品质。AnM 栽培法主要是控制花生下胚轴的曝光时间和植株基部的大气湿度，延缓早期果针入土时间，使结果整齐一致。其技术要点包括三个环节。

A环节 主要目的是引升子叶节升出地面。露地起垄种植，花生播种后，改抹平覆土为尖型覆土；平种时，播后将播种行扶成小垄状。似字母"A"。种子距垄顶8～9厘米，当花生芽苗长到3～4厘米时，留下子叶上约1厘米厚的土层，其余的土撒至垄沟。

n环节 主要目的是控制早期花下针入土。将垄两侧的土锄向行间，使花生垄成窄埂状，似字母"n"。该环节有利于植株基部通风散湿，推迟早期花下针时间。n环节所形成的窄埂高一般为5厘米左右，顶宽6～7厘米。

M环节 主要目的是迎针结实。在锄脖上套一个小草圈，在垄行中间深锄扶垄，或用犁穿沟扶垄，使顶宽形成不小于20厘米的凹形垄，似字母"M"。

地膜覆盖栽培情况下，一般只有A和M两个环节。

A环节为先播种后覆膜，在播种上方膜面上压一条厚度为4～5厘米土条带。先覆膜后播种的，应打孔播种，覆土后，膜孔上方盖厚度为4～5厘米小土堆。花生子叶节自动升出膜面时，再把土带或土堆撒掉。若出苗前遇雨土堆结块，出现裂缝时，应及时弄碎土块，消除裂缝，以防芽苗过早曝光。

M环节是在花生下针盛期，北方春花生于7月中旬，在花生植株基部，直径约20厘米的膜面上，撒1厘米厚的土，扶持果针1～7毫米内的分生延长区，增强其穿膜入土能力，增加结果数。

37. 花生机械播种有什么优缺点？目前播种机械主要有哪些机型？

（1）优点

效率高 机械播种效率一般是人工播种效率40倍以上，一方面可以降低生产成本，提高生产效益；另一方面有利于抢墒播种，为花生苗全苗壮及最终丰产丰收奠定基础。

田间作业轻简化 播种覆膜是一项较为繁重的体力劳动，机播可以把农民从繁重的体力劳动中解放出来，有利于提高农民健康水平，提升农民的幸福指数。

播种规范化　机播花生可一次性完成起垄、开沟、播种、施种肥、喷施除草剂、覆膜、膜边压土、膜上覆土等工序，垄距、垄高、播深、花生行穴距均匀一致，花生在田间布局均匀合理，有利于群体光合积累，提高产量。同时，种植的规范化也为机械收获提供了便利条件，有利于提高收获质量。

（2）缺点

机播质量受机手驾驶技术影响大　机械播种需要有驾驶技术好的拖拉机手，否则会降低播种质量，出现垄不直、垄距不均的情况，造成花生田间布局不合理，甚至出现后垄损前垄的现象。有的出现播深不一致等问题，影响花生正常出苗。

漏播　机械播种过程，排种器时常堵塞而影响正常排种，造成漏播，漏播的地方出苗后需要人工补种，补种苗长势往往低于正常苗，直到收获，单株结果少，饱满度差，影响产量。因此，播种过程需人工经常检查排种情况，发现堵塞，及时疏通。

需要有交通条件　机播需要有动力牵引，在山区丘陵交通不便的地方，机播受限。

与收获机相比，花生播种机构造相对简单、价格低，所以从事花生播种机生产的工厂绝大多数是小企业，且不同地区采用的播种机多为当地企业生产，机型繁多。山东应用较多的机型主要有万农达2BFD—2S型花生铺膜播种机、万农达2BM—1/2型花生铺膜播种机、万农达2BM—1/2S型花生铺膜播种机、旭森2BFS—2型花生播种覆膜机、旭森2BFS—2K型花生播种覆膜机、菲尔特2MB—1/2型花生播种机、万达2MB—1/2型花生铺膜播种机、威海龙峰硅胶2BFD2—270F型花生播种覆膜机、荣成佳鑫2MB—1/2型花生铺膜播种机、荣成春波2BFH—1花生播种施肥机、荣成春波2MB—1/2型花生铺膜播种机、临沭东泰2MB—2/4型花生铺膜播种机等。

38. 花生机械播种存在什么问题？如何解决？

垄面凹凸不平　由于土中垡块较多，尤其是土质较黏的地块，很容易出现这种情况。解决方法是耕地后或播种前对土壤多次旋耕，直至达到地平、土细，同时将石块、杂草、前茬作物根茎、残膜等清除干净。

起垄不规范　主要表现在：①垄距过宽或过窄，窄的不足 70 厘米，宽的高达 95 厘米以上。②垄过高或垄面呈弓形，似馒头状的地瓜垄。导致垄面变窄，垄上行距变小，植株部分果针顺垄坡下滑，不能正常入土结实，减少了果针入土数量，导致减产。③大小行分布不均，垄上两行花生相距太近，有些只有或不足 20 厘米，使垄上小气候变劣，不利于群体光合作用；而垄间行距过大，植株在生育中后期不能正常封垄，导致光能浪费。解决方法：一是严格按照标准尺寸操作，避免"梯形垄"和"拱形垄"；二是选驾驶技术好的拖拉机手播种，播种前调试好机器，包括扶垄高度、垄宽度及垄上两行花生的行距等。垄边地膜压土不严（或不实或不足）。北方产区春花生覆膜栽培很易受到大风的"洗礼"，地膜容易被掀起、"撕碎"或吹飞，失去其保温、保湿和防草的功能。所以，垄两侧要把膜边压实、封严。播种行上方覆土高度 4～5 厘米。如果播种机不具膜上覆土功能，要人工每隔 5～10 米在膜面上横压一条土带。

机带种肥数量过大　为图省事，将全部化肥在播种时通过联合播种机上的施肥器一次性条施在垄中间。这种施肥方式一是由于垄中间化肥浓度过高，容易引起花生烂果，二是肥料利用率低，造成肥料浪费，甚至影响产量。用联合播种机施种肥，其用量原则上不能超过化肥总用量的 1/3。

播种过深或过浅　地膜覆盖播种适宜深度为 3～4 厘米，过深（大于 6 厘米）出苗慢，出苗后苗株长势弱，过浅（小于 3 厘米）易落干。为此，播前应调试好播深控制装置，使之处于合理状态。

排种出现异常　播种时单粒、3 粒出现频率高或排种器堵塞。解决方法，一是播前对种米进行分级挑选，剔除个别特大异形粒和秕小粒，用一级、二级种子播种；二是播种时经常检查排种器排种情况，一旦堵塞，及时疏通补种。

三、营养特性

39. 花生生长发育需要哪些营养元素?

花生在生育过程中需要吸收多种营养元素,现在已经确定的花生必需的营养元素有碳、氢、氧、氮、磷、钾、钙、镁、硫、硼、钼、铁、锌、锰、铜、氯16种。其中碳、氢、氧、氮、磷、钾、钙、镁、硫9种元素需要量大,占花生植株干物质重的0.1%以上,被称为大量元素;其余7种含量在0.1%以下,最低的只有0.1毫克/千克,被称为微量元素。此外,试验证明钴对于固氮微生物是必需的,所以花生需要钴。镍、稀土、钛、硒等元素对花生有一定的增产效果,也是花生所需要的。

花生所需的碳、氢、氧主要来自空气和水。花生所需的氮素大部分来自于与其共生的根瘤菌固定的游离分子态氮(N_2),另一部分从土壤中吸取。其余的元素绝大部分从土壤中吸收。所以土壤不仅是花生生长的介质,而且是其所需营养元素的主要供给者。土壤养分的丰缺直接关系到花生产量的高低。土壤养分主要来自五个方面:①土壤矿物颗粒风化以及晶格离子交换释放出的养分,一般细土供给矿物质养分如钾、钙、镁、磷等元素的能力强于粗土,由花岗岩、片麻岩、玄武岩发育的土壤,其微量元素含量高于砂岩、页岩、冲积物发育的土壤。②土壤有机质分解释放的养分。③土壤微生物代谢,如固氮作用等形成的养分。④降雨带来的养分。⑤施肥补充的养分。

40. 花生矿质营养元素吸收与利用有何特点?

根瘤菌固氮 花生需要的氮素有土壤、肥料和根瘤固氮三个来源,大部分由根瘤提供。据试验,在中等肥力不施有机肥的沙壤土上,根瘤供氮率为 79％。在低肥力不施有机肥的砾质沙土上，根瘤供氮率为 88％；公顷施有机肥 22.5 吨，氮 37.5～112.5 千克，根瘤供氮率为 55％～70％，土壤供氮率为 24％～35％，肥料供氮率为 3％～10％。

侧根吸收的养分优先供应同列侧枝　花生根系吸收的矿物质养分首先输送到茎叶中，再到果针、幼果和荚果中，同列侧根吸收的养分优先运转到同列侧枝。

叶片吸收　花生叶片对矿质元素具有较强的吸收能力，其中氮磷钾等能运往植株的各个部位。如结荚期叶片吸收的磷素能够从营养器官运往生殖器官。结荚期到饱果成熟期，中下部叶片脱落前输出的磷素有 43％～73％运往荚果中。花生叶片吸收的钙也有运转能力，但吸收后主要运往侧枝，运往荚果的很少。因此，通过叶面追施钙肥来缓解花生荚果出现的钙胁迫现象效果较差。

果针、幼果吸收　花生入土果针、幼果、初成型的荚果都有直接从土壤吸收营养物质的能力，幼龄果吸收能力强，随着荚果的发育而逐渐消失。其中荚果发育所需要的钙素营养，主要靠荚果本身从土壤中吸收。试验表明，果针、幼果吸收的钙素有 88.3％积累在荚果中，运到茎叶的部分甚少。

41. 影响花生根瘤菌固氮的主要因素有哪些？

品种类型　普通型根瘤菌固氮能力强，珍珠豆型固氮能力弱，龙生型结根瘤的时间迟于其他类型。

碳水化合物　花生生育前期（花生与根瘤菌共生期），促进光合器官的生成，迅速提供给根瘤菌繁殖和固氮所需的碳水化合物。可增加根瘤鲜重、延长根瘤寿命和固氮时间。

土壤含水量　土壤含水量是田间最大持水量的 60％～80％，有利于根瘤菌固氮，干旱影响根瘤菌固氮酶活性及其合成。长期干旱会导致氨根离子的积累，抑制固氮酶合成，降低固氮量。

氮　花生前期，适当施氮有利幼苗健壮生长，为根瘤菌提供充足的碳水化合物，有利于固氮。但土壤中氮素过多，对根瘤菌固氮有抑制作用。在贫瘠不施氮肥的土壤上，根瘤菌供氮率可达 90％以上。施氮量适中的中等肥力土壤上，供氮率 40％～60％，并随施氮量增加而降低。硝态氮能使根毛产生弯曲，减少光合产物向根瘤运输，延迟根瘤形成和降低根瘤菌固氮。铵态氮限制固氮酶的合成，在高离子浓度时使植物中毒，不能形成根瘤。

肥料 有机肥能疏松土壤、增加土壤通透性和腐殖质含量，有利于根瘤形成和固氮。磷能促进花生根瘤的形成和固氮，钼和铁是固氮酶合成的重要成分，钙能促进根瘤的着生、早结瘤、多结瘤，锰和铁对花生根瘤固氮有毒害作用。

温度 根瘤菌繁殖的适宜温度 18～30℃，根瘤形成和固氮最适温度 20～22℃。另外，较高的温度，可使花生积累较多的干物质和氮素，可以缓冲硝酸盐对根瘤发育的抑制作用，促进根瘤菌固氮。

土壤 根瘤菌生活适宜的 pH 为 5.8～6.2。土壤 pH 过高或过低均不利于根瘤菌生活，影响根瘤菌的固氮能力。土壤通气良好能增加根瘤数目，提高固氮效率。板结土壤，根瘤减少。

42. 如何提高花生根瘤菌的固氮能力？

选择根瘤菌高效固氮品种 花生基因型间根瘤菌固氮能力存在很大差异，开发和挖掘花生基因型固氮潜力，培育和利用根瘤菌固氮能力高的品种是提高花生根瘤固氮能力最有效途径之一。试验表明，目前推广的品种中，豫花9326、潍花8号、丰花1号等根瘤菌固氮能力较强，花育22、鲁花14等氮效率较高。

适当控制氮肥用量 土壤中氮素水平高会抑制根瘤菌的固氮作用，减少根瘤菌固氮量。因此，适当控制氮肥用量，尤其是肥力较高的地块，适当控制氮肥用量有利于充分发挥根瘤菌的固氮潜力。不同产量和地力水平氮肥适宜用量见表1。

表1 不同产量和地力水平适宜施氮量

目标产量 (千克/公顷)	土壤肥力（0～20 厘米土层）		施氮量 (千克/公顷)
	有机质（%）	速效氮（毫克/千克）	
4 500～6 000	≥0.8	≥50	60～105
6 000～7 500	≥1.0	≥100	105～150
7 500～9 000	≥1.4	≥130	150～195

注：如果土壤有机质和速效氮的含量低于上表中的含量，应适当增加有机肥和氮肥的用量。

施用缓控释氮肥 氮肥施用时期不同,对根瘤菌固氮的抑制作用也不同,在花生生育前期影响大于生育后期。缓控释氮肥作为一种新型肥料,具有缓慢释放、肥效期长和可以提供花生整个生长发育期氮素营养需求的特点。施用缓控释氮肥不仅可以满足不同生育期花生对氮素的需求,又可以避免生育前期因氮素浓度过高对根瘤菌固氮带来的不利影响,实现花生对氮素营养的"供需同步"。

增施有机肥、补施微肥 有机肥是包括根瘤菌在内的大量土壤微生物的高效培养基,增施有机肥是提高土壤中根瘤菌数量的有效措施,当季施用商品有机肥200~267千克/公顷,土壤中根瘤菌数量可增加1.5倍以上。花生根瘤菌固氮酶有钼铁蛋白和铁蛋白共同组成,钼是根瘤菌固氮酶的重要组成成分,铁是根瘤菌固氮酶、类菌体中豆血红蛋白和铁氧还蛋白等含铁蛋白的重要组成成分。钼和铁在花生根瘤菌固氮过程中发挥着极其重要的作用,因此施用适量的钼和铁,可以有效提高根瘤菌固氮能力。试验表明,钼酸铵拌种,或花针期叶面喷施0.1%~0.2%的钼酸铵和0.2%硫酸亚铁等,均有利于提高根瘤菌固氮能力。

施用优良根瘤菌剂 目前试验表明,虽然人工施用根瘤菌剂的增产效果不够稳定,但可以提高根瘤菌固氮能力,部分替代化肥,减少氮肥用量。一般情况下,施用根瘤菌剂的田块,氮肥施用量可减少10%左右。

合理使用农药,保护土壤生境 根瘤菌活动易受到杀菌剂、除草剂的影响。过度使用某些农药,特别是除草剂等,会影响根瘤菌的固氮能力。甚至前茬玉米使用的除草剂会直接影响到后茬花生的生长和根瘤的发育。

43. 花生缺氮有何症状?

氮是构成蛋白质的主要成分,约占蛋白质总量的1/6,是维持花生正常生命活动必需元素。氮是构成酶、核酸、磷脂和某些激素的重要成分,这些物质是许多生理生化过程不可缺少的。氮是叶绿素的必要成分,没有氮,叶绿素不能形成,光合作用不能进行。

花生缺氮时,叶片细小直立,与茎的夹角小,叶色淡绿,严重时呈淡黄色。缺氮症状通常先从老叶开始,逐渐扩展到上部幼小叶片。茎秆细长,分枝较少,茎基部有时呈红黄色或紫色,花和荚果较少,荚果瘪而不饱,显著影响产量和品质。氮素过多,易使花生地上部营养体徒长,茎秆柔软,产量、品质降低。

花生施氮肥应注意三点:①提倡施用尿素、硫酸铵等,氯化铵抑制根瘤菌固氮,不宜施用。②氮肥应与磷肥和钾肥配合施用,能提高花生对氮素的吸收利用率。③在花生需氮高峰期(早熟种的花针期和晚熟种的结荚期)叶面喷施氮肥效果显著。

44. 花生缺磷有何症状?

磷是花生碳氮代谢的主要中间产物,是核酸、酶的构成元素。磷在能量传递、光合作用、呼吸作用、蛋白质形成、糖代谢和油分转化等方面起重要作用。磷能提高花生抗逆性和适应能力。

花生植株中的临界值为 0.2%,低于该值时易出现缺磷症。主要表现为植株矮小,分枝少,叶片呈暗绿色,缺乏光泽,有时叶片上出现紫红色斑点或条纹,严重时叶片枯死脱落。缺磷症状首先表现在老叶上,逐渐向上部发展。根系半径减小,根和根毛增加,根瘤固氮能力下降。磷过多时,叶片肥厚而密集,叶色浓绿,植株矮小,节间过短,生殖器官过早发育,植株早衰。同时会影响锌、锰、铁、镁等元素的正常代谢,导致失绿症。

花生用磷肥主要有过磷酸钙、钙镁磷肥、磷酸一铵和磷酸二铵等。过磷酸钙和磷酸一铵为酸性肥料,可以施在中性、石灰性土壤上;钙镁磷肥和磷酸二铵为碱性肥料,适用于酸性土壤。另外,磷肥与有机肥混合施用,可提高磷的利用效率。

45. 花生缺钾有何症状?

钾素一般以离子状态、可溶性盐类吸附在原生质表面而存在于花生植株体内,参与各种生理代谢活动,能提高光合作用强度、促进糖代谢及蛋白质合成、加速光合产物累积运转与分配,并能调节叶片气孔的开闭和细胞的渗透压力。钾有增强细胞对外界环境条件的调节作用,提高抗旱性和抗寒性,促进茎枝生长坚韧,增强植株抗倒伏能力。

钾在植株中流动性较大，缺钾出现的症状较氮磷稍晚，一般出现在中后期，此时，植株中的含钾量一般低于1％。首先在下部老叶上出现脉间失绿，沿叶缘开始出现黄化或有褐色斑点、条纹，并逐渐向叶脉间蔓延，最后发展为坏死组织。钾素过多，一方面会造成植物奢侈吸收，另一方面会破坏养分平衡，致使浪费，品质下降。

花生施钾应注意四点：①硫酸钾和氯化钾均属于酸性肥料，长期施用应注意与农家肥、碱性磷肥及石灰等配合，防止土壤酸化。②硫酸钾效果好于氯化钾，如果经济条件允许，尽量施用硫酸钾。③钾和钙有拮抗作用，结实层如果钾和钙的浓度过高会引起花生烂果，因此，钾肥要均匀施在耕作层，钙肥主要施在结实层。④秸秆、有机肥料和草木灰等富含钾素，实行秸秆还田，增施有机肥料和草木灰等，有利于促进农业生态系统中钾素循环利用。

46. 花生缺钙有何症状？

钙在花生生长发育中至少有以下五个方面的生理功能：一是果胶酸钙的组成部分，能将细胞胶塑在一起并促进细胞分裂；二是能促进某些酶的活化；三是能防止铝和一些致毒性元素在植物体内过量积累；四是可提高花生对某些必要元素的吸收能力；五是能增强花生植株碳氮代谢，促进蛋白质以及其他有机营养向花生籽仁运送，从而减少空壳率，提高荚果饱果率，有利于花生根瘤的形成。

荚果缺钙时，种子的胚芽变黑，发育减退，空果、秕果、单仁果增多，种仁不饱满，甚至导致荚果不能生成。严重缺钙时，花生幼嫩茎叶变黄，根系细弱生长不良，植株生长缓慢，尤其烂果病严重。缺钙对生殖器官有较大的影响，主要表现为花败育，荚果萎缩，种仁产生黑胚芽，丧失发芽率或幼苗成活力低。即使种子表面正常，而籽粒含钙量低，仍然影响种子发芽出苗。

花生对钙素的需求有三个特点：一是花生对钙的需求量大，仅次于氮、钾，居第三位。与同等产量的作物相比，是大豆2倍、玉米3倍、水稻5倍、小麦7倍；二是钙在花生植株内流动性差，在一边施钙，不能改善另一边的果实质量。根部吸收的钙，不能输送到荚果中去。叶片吸收的钙，只有 5％～10％可运到荚果中，只有果针和幼果所吸收的钙积累于荚果中；三是花生品种类型对钙的吸收量顺序是蔓生型＞丛生型＞直立型，大果型＞小果型，普通型＞珍珠豆型。

花生钙肥主要有石灰、钙镁磷肥、石灰氮、硅钙肥、石膏、过磷酸钙等，其中碱性土壤可施石膏、过磷酸钙等生理酸性肥料，酸性土壤应施石灰、钙镁磷肥、石灰氮、硅钙肥等生理碱性肥料。另外，防止花生空壳不宜用叶面追肥，因为叶吸收的钙很少能转运到荚果，钙肥应基施或花针期追施。

47. 花生缺硫有何症状？

花生在合成蛋白质的过程中，每同化 15 份氮，就需要 1 份硫。硫是构成蛋白质、氨基酸、维生素等重要化合物的成分，与氧化、还原、生长调节等生理作用有关。硫还是许多酶不可或缺的成分。硫还能促进根瘤的形成，增强子房柄的耐腐烂能力，使花生不易落果和烂果。

花生缺硫时，叶绿素含量降低，叶色变黄，严重时变白，叶片寿命缩短。花生缺硫症状首先表现在顶部叶片。

施用硫肥应注意两点：①增施有机肥料，能提高土壤供硫能力；②一般不单独施用硫肥，而是选用含硫复合肥料，如硫酸铵、过磷酸钙、硫酸钾等。

48. 花生缺镁有何症状？

镁是叶绿素的必需成分，与光合作用有直接关系。镁参与花生蛋白质、核酸及糖类的合成。镁还参与花生体内脂肪和类脂的合成，花生缺镁时，油脂含量明显降低。

花生缺镁时，全株的叶肉、叶脉都失绿变黄。症状表现顺序为老叶边缘先失绿，后逐渐向叶脉间扩展，而后叶缘部分变成橙红色。严重缺镁时可引起叶片的早衰与脱落。

镁肥施用应注意四点：①镁肥宜作基肥早施。酸性土壤选用钙镁磷肥、碳酸镁等生理碱性肥料；碱性土壤选用硫酸镁等生理酸性肥料。中性土壤生理碱性肥料和酸性肥料年度间交替施用。②叶面喷施一般用 1%～2%的硫酸镁，连喷 2～3 次，间隔 7～10 天。③适当控制氮钾用量。过量氮肥能抑制花生对镁的吸收，尤其是铵态氮肥，引起缺镁症。过量钾对镁的吸收有拮抗作用。④有机质贫乏的酸性土壤易发生作物缺镁症，应注意增施生理碱性镁肥，提高土壤供镁能力。

49. 花生缺硼有何症状？

硼与钙的吸收有关，影响细胞壁的形成和输导组织的功能；硼能提高花生根瘤菌的固氮量，促进氮素吸收，硼能刺激花粉萌发和花粉管伸长，有利于受精。

土壤中硼的有效临界值为 0.5 毫克/千克，低于 0.25 毫克/千克的土壤为严重缺硼。花生缺硼时，植株矮小瘦弱，分枝多，呈丛生状，新叶叶脉颜色浅，叶尖发黄，老叶色暗，最后生长点停止生长，以致枯死；根尖端有黑点，侧根很少，根系易老化坏死；开花很少，甚至无花，荚果和籽仁形成受到影响，出现大量子叶内面凹陷的"空心"籽仁。

硼肥主要有硼砂和硼酸，宜作基肥、叶面喷施和拌种。基肥公顷用量 7.5～10 千克，叶面喷施浓度为 0.2%，于花生始花期和盛花期各喷 1 次。拌种用量为每千克花生种子用 0.4 克，加适量水溶解，直接喷洒种子。

50. 花生缺钼有何症状？

钼是硝酸还原酶和固氮酶的组成成分，能促进根瘤菌的固氮作用和光合作用。钼可促使硝态氮由不能被利用状态变为可利用状态，是花生利用硝态氮所必不可少的。钼还可改善花生对磷素的吸收，并可消除过量铁、锰、铜等金属离子对花生的毒害作用，使花生健壮生长。

土壤中钼的有效临界值为 0.15 毫克/千克。一般豆科作物对钼比其他作物敏感，容易发生缺钼症。花生缺钼时，根瘤发育不良，结瘤少而小，固氮能力减弱或不能固氮，通常表现为缺氮症状。轻微缺钼时叶色变淡，中度缺钼时叶片出现失绿斑点，严重时叶缘干枯，直到整个叶片干枯脱落，不能形成根瘤或根瘤少，固氮能力弱。

钼肥有钼酸铵、钼酸钠等。宜作基肥、叶面喷施和拌种。基施公顷用量4～5千克，肥效可持续3～4年。叶面喷施浓度为0.1%～0.2%，在苗期或花期喷施。拌种一般每公顷种子用150～200克，配成水溶液，均匀喷雾在种子上。

51. 花生缺铁有何症状？

铁在植物体内参与氧化还原反应，是血红蛋白和细胞色素的组成成分，同时作为辅酶参与植物的光合作用、蛋白质、核酸等氮代谢和碳代谢，并影响花生等豆科作物固氮特性和根瘤菌形成。铁在花生体内的移动性较低，主要参与电子传递和影响叶绿素的合成。铁在花生体内与铜、锰还有拮抗作用。

土壤中有效铁的临界值为2毫克/千克。花生对铁极为敏感，尤其在碱性土壤上种植花生易发生缺铁症。花生缺铁时，叶绿素的形成受阻，首先表现为叶肉和上部嫩叶失绿，叶脉和下部老叶仍保持绿色；严重缺铁时，叶脉也失绿，进而黄化，上部嫩叶呈黄色，最终叶片出现褐斑坏死组织，直至叶片枯死。铁在花生体内与铜、锰有拮抗作用。在缺铁条件下，施用铁肥或者施用高效根瘤菌肥能够促进根瘤菌的侵染和结瘤，有利于花生后期的氮素营养。

在pH较高的碱性土、石灰性土壤上种植花生，因铁呈难溶性氢氧化铁沉淀，有效铁含量降低，特别在灌溉和雨后，加速铁离子淋失，pH升高，就会出现明显的黄化现象。

常用铁肥主要有硫酸亚铁、螯合态铁等。主要是叶面追肥。当植株新叶开始发黄时开始喷施，连喷2次，间隔7～10天。硫酸亚铁的浓度为0.2%。

52. 花生缺锌有何症状？

锌是许多酶的组成成分或活化剂，通过酶对花生碳、氮代谢产生重要影响；锌能促进植物生长素的合成，在植物的生长发育中起着极其重要的作用。锌能促进花生对氮、钾、铁等营养元素的吸收。

锌在土壤中的临界值为0.5毫克/千克。花生缺锌时，叶小簇生，叶片两侧出现斑点，叶片发生条带式失绿，植株矮小，节间缩短；严

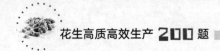

重缺锌时，整个小叶失绿。缺锌还降低花生油的生化品质。

锌肥主要有硫酸锌。锌在土壤中移动很慢，一般基施或叶面追肥。基肥公顷用量为 10～15 千克，肥效可持续 2～3 年。叶面追肥浓度为 0.1％～0.2％，始花期和盛花期各喷 1 次，间隔 7～10 天。

四、肥料与施肥

53. 为什么花生提倡增施有机肥？

　　有机肥指以各种动物废弃物（包括动物粪便，动物加工废弃物）和植物残体（饼肥类，作物秸秆，落叶，枯枝，草炭等），采用物理、化学、生物或三者兼有的处理技术，经过一定的加工工艺，消除其中的有害物质（病原菌、病虫卵害、杂草种子等）达到无害化标准而形成的，符合国家相关标准及法规的一类肥料。

　　有利于花生持续增产　有机肥含有丰富的有机质，有机质是土壤的核心成分，是土壤肥力的主要物质基础。对改善土壤理化性状，增强土壤通透性和贮水保肥能力，防止土壤板结和酸化等方面有独特功效。而土壤肥力是决定花生产量潜力的最主要因素，土壤肥力的提高有利于花生持续增产。

　　营养元素全面　与化肥不同，有机肥中不仅含有氮磷钾钙等花生生育所需要的大量元素，同时含有许多中微量元素，养分平衡齐全，有利于花生提高品质；同时，可有效解决单一元素缺乏症，且养分供应平缓、持久，不会造成花生徒长倒伏。

　　有利于微生物繁衍　有机肥含有多种糖类、氨基酸等物质，不仅可为花生提供营养，而且可以促进土壤微生物的生长、发育和繁殖活动。而土壤微生物对土壤的形成发育、物质循环、肥力提高和促进花生生长等方面均有重大影响。

54. 花生施用有机肥应注意什么？

　　有机无机搭配　有机肥肥效缓慢，当季对花生营养的直接供应量有限，往往难以满足花生正常生育。因此，有机肥需要搭配一定数量的无机肥施用，才能获得理想产量。

畜禽粪便需要腐熟　施用未腐熟的畜禽粪便很易引起花生地下害虫危害，造成花生缺苗断垄，另外，未腐熟的畜禽粪便当季效果差，矿质元素利用率低。

与生物肥配合施用　有机肥要发挥作用需要有微生物的参与，当土壤微生物失衡时，及时补充有益微生物，会进一步强化有机肥的效果。同时，生物肥本身在活化土壤矿质元素、促进作物生长等方面也有显著作用。因此，有机肥配合生物肥施用，对土壤肥力的恢复会起到"事半功倍"的效果。如果施用商品有机肥，提倡施用生物有机肥。

因田施用　旱薄地、连作地、酸化土、沙性土等可适当增加有机肥用量，较肥沃的高产田可减量施用。常年进行秸秆还田的地块，可以不施有机肥。

做基肥　有机肥由于肥效长，一般做基肥施用。

55. 花生高产栽培为何离不开化学肥料？

化学肥料简称化肥。用化学和（或）物理方法制成的含有一种或几种农作物生长需要的营养元素的肥料。也称无机肥料，包括氮肥、磷肥、钾肥、微肥、复合肥料等。

优点突出　化肥养分含量高，运输与施用方便，可以根据花生生育需要实现定量施肥；肥效快，施用后可以快速改善花生营养不良状况，例如尿素施用后1周左右即可见效；成分单纯，可以根据花生田间具体长相，做到缺什么补什么，针对性强。

有机肥源不足　当前，我国有机肥肥源严重不足，且优先投入到蔬菜、水果等经济效益较高的作物上，花生等大田作物施用的比例很少，不能满足高产花生对营养的需求。如果花生生产全靠有机肥来支持，花生产量将出现断崖式下降，这与我国国情严重不符。

花生田肥力普遍偏低　我国花生田多数分布在山区、丘陵，耕层浅、土质薄，例如，山东花生田60％以上的分布在丘陵旱薄地。这些田块仅靠土壤肥力远远不能满足花生生育需求，在有机肥源严重不足的情况下，化肥是最好的"营养补充剂"。

56. 为何我国花生施肥不能采用美国模式？

美国花生当茬除施一些钙肥外，不再施用其他任何肥料，以前未种过花生的地块补施一些根瘤菌剂以增加花生根瘤菌群数量，但美国花生平均产量却明显高于我国。美国施肥模式不符合我国花生生产实情。其原因主要有以下几个方面。

品种类型不同 美国种植的花生品种多数为匍匐、半匍匐型，这类品种地上茎枝生长旺盛，地下根系发达，分枝多，分布广，下扎深度深，对土壤养分吸收能力强，吸收量大，特别是对深层土壤养分也有较强的吸收能力。而我国推广品种都属于直立型，这类品种地上分枝少，地下根系生长量也少，根系分布无论从广度和深度都远不及美国品种，对土壤各层次养分吸收利用能力相对要弱一些。

土壤基础肥力差异大 我国花生田肥力普遍偏低。例如，我国花生田有机质含量平均在1%左右，而美国是我们几倍，甚至十几倍。高肥力的土壤足以满足高产花生对营养的需求。而我国花生仅靠土壤基础肥力在绝大多数情况下难以满足高产花生对养分的需求，很难取得理想产量。

水浇条件相差大 美国花生田水浇条件好，设施完善，且多以喷灌为主，节水且对土壤紧实度影响小，通过补水可以促进花生对土壤养分的吸收利用。而我国花生以雨养为主，干旱会不同程度地影响花生对土壤养分的利用。

57. 过量施用化肥对花生有什么危害？

化肥投入虽然在提高花生产量方面具有重要作用，但过量施用化肥会带来诸多负作用：一是造成花生徒长倒伏、早衰减产，尤其是氮肥，往往是花生徒长倒伏的主要诱导因素之一，而倒伏是花生减产的主要因素之一。二是抑制根瘤发育，降低根瘤菌固氮能力。氮肥，尤其是硝态氮，对花生根瘤菌的侵染、固氮有很大抑制作用，这种作用通常被称为根瘤菌的"氮阻遏"效应。三是肥料浪费大，利用低，生产成本高，投产比降低，导致花生生产效益降低。四是加速土壤酸化。长期施用化肥，一方面氮肥在土壤中的硝化作用产生硝酸盐，形成 H^+，导致土壤酸化；另一方面，一些生理酸性肥料，如磷酸钙、硫酸铵、氯化铵在植物吸收肥料中的养分离子后，土壤中 H^+ 增多。五是造成土壤重金属和有毒元素污染。化肥从原料开采到加工生产，总是给化肥带进一些重金属元素或有毒物质。以磷肥为例，磷肥的生产原料为磷矿石，它含有大量有害元素 F 和 As，同时磷矿石的加工过程还会带进其他重金属 Cd、Cr、Hg、As、F，特别是 Cd，长期施用这些肥料易造成土壤重金属污染。六是对生态环境潜在威胁大。因此，生产上要尽量控制化肥用量，做到合理用肥，将化肥的副作用降到最低程度。

58. 花生常用氮素化肥有哪几种？

氮肥是花生最主要的肥料之一。氮肥按含氮基团可分为氨态氮肥、铵态氮肥、硝态氮肥、硝铵态氮肥、氰氨态氮肥和酰胺态氮肥。花生应用较多的是尿素、硫酸铵、碳酸氢铵等。

尿素 分子式为 $CO(NH_2)_2$，含氮（N）46%，为含氮量最高的固体氮肥，外观为白色颗粒或结晶，无味、无嗅，生理中性肥料，在土壤中不残留任何有害物质，长期施用没有不良影响。可做基肥、追肥和叶面肥。尿素是有机态氮肥，经过土壤中的脲酶作用，水解成碳酸铵或碳酸氢铵后，才能被作物吸收利用，被称为半速效肥料。因此，尿素如果做追肥要在花生的需肥期前 4~8 天施用。尿素中易含有少量缩二脲，缩二脲是一种对作物有抑制作用的物质。我国规定肥料用尿素中缩二脲含量应小于 0.5%。

硫酸铵 简称硫铵，分子式 $(NH_4)_2SO_4$，含氮（N）20%~21%，白色晶体，无气味，生理酸性肥料。易溶于水，不溶于醇、丙酮和氨水。不能与其他碱性肥料或碱性物质接触或混合施用，以免降低肥效。长期施用硫酸铵会造成土壤向酸化发展，造成土壤板结。硫酸铵属于速效肥料，施到土壤中肥效快且稳定。硫酸铵有吸湿性，不宜长期露天保存，受潮后宜结块。在阳光下暴晒会造成铵的分解生成氨气损失。

碳酸氢铵 又称碳铵，分子式 NH_4HCO_3，是一种碳酸盐，含氮

17%左右，白色或灰白细小结晶，以粉状存在，有强烈刺激性气味，属于生理中性肥料。碳酸氢铵在常温下比较稳定，但当温度升高或夏季能分解成氨、二氧化碳和水，造成氮损失。碳酸氢铵水溶性好，施到土壤后很容易分解被作物吸收，是速效氮肥。碳酸氢铵是无酸根氮肥，其三个组分都是作物的养分，不含有害的中间产物和最终分解产物，适用于各种土壤，长期使用不影响土质，是最安全氮肥品种之一。

59. 花生常用磷素化肥有哪几种？

按溶解度不同，磷肥可分为水溶性磷肥、柠檬酸溶性磷肥和难溶性磷肥。花生上常用的是水溶性磷肥过磷酸钙、重过磷酸钙和柠檬酸溶性磷肥钙镁磷肥。

过磷酸钙 又称普通过磷酸钙，简称普钙，为浅灰色或深灰色的粉末，是用硫酸分解磷矿直接制得的磷肥，属生理酸性肥料，具有改良碱性土壤作用。主要成分是磷酸二氢钙的水合物 $Ca(H_2PO_4)_2 \cdot H_2O$ 和少量游离的磷酸，还含有无水硫酸钙（$CaSO_4$）。过磷酸钙含有效磷（P_2O_5）12%～20%（其中80%～95%溶于水），属于水溶性速效磷肥，可直接作磷肥，也可用于制作复合肥料的配料。过磷酸钙可同时为花生提供磷、钙、硫等元素，可用作基肥、追肥和叶面喷洒。与氮肥混合使用，有固氮作用，减少氮的损失。

重过磷酸钙 又叫三料过磷酸钙，外观呈深灰色或灰白色的颗粒或粉末状。主要成分是磷酸二氢钙 $[Ca(H_2PO_4)_2 \cdot H_2O]$，有效磷含量40%～50%，是一种高浓度的微酸性速效磷肥，具有改良碱性土壤作用。重过磷酸钙吸湿性和腐蚀性比普通过磷酸钙强，产品易板结。重过磷酸钙忌碱，它与氧化钙反应，能生成磷酸三钙沉淀，从而降低肥效。重过磷酸钙的有效施用方法与普通过磷酸钙相同，可作基肥或追肥。

钙镁磷肥 是一种含磷的硅铝酸盐玻璃体，无明确的分子式与分子量。主要成分是弱酸溶性的 $Ca_3(PO_4)_2$，另外还含有硅酸钙（$CaSiO_3$ 或 $CaSiO_4$）和硅酸镁（$MgSiO_3$ 或 $MgSiO_4$）。一般含有效磷（P_2O_5）14%～20%，氧化镁（MgO）10%～15%，氧化钙（CaO）

25％～30％，二氧化硅（SiO_2）40％。钙镁磷肥不溶于水，无毒，无腐蚀性，不吸湿，不结块，生理碱性肥料。适用于缺磷的酸性土壤，特别适用于南方钙镁淋溶较严重的酸性红壤土。钙镁磷肥施入土壤后，其中磷只能被弱酸溶解，要经过一定的转化过程，才能被花生利用，所以肥效较慢，属缓效肥料。一般要结合深耕，将肥料均匀施入土壤，使它与土层混合，以利于土壤酸对它的溶解，并利于作物对它的吸收。钙镁磷肥不能与酸性肥料混合施用，否则会降低肥效。

60. 花生常用钾肥有哪几种？

花生常用的钾肥主要有硫酸钾和氯化钾。二者均为高浓度的速效钾肥，硫酸钾价格高，氯化钾价格低。

硫酸钾　分子式 K_2SO_4，是由硫酸根离子和钾离子组成的盐，通常状况下为白色结晶、颗粒或粉末。无气味，味苦而咸，质硬。含钾量（K_2O）约为50％。在空气中稳定，可长期贮存不结块。易溶于水，生理酸性速效肥料。硫酸钾同时含有一定的硫，对缺硫的土壤可同时补充硫元素。硫酸钾是花生较为理想的花生含钾肥料。一般做基肥或追肥。

氯化钾　分子式 KCl，盐酸盐的一种，白色结晶或结晶性粉末，含钾量（K_2O）约为60％，易溶于水，生理酸性速效肥料。一般可作基肥或追肥。氯化钾施入土壤后，能使土壤下层水分上升，有抗旱的作用。花生上施用氯化钾要适当控制用量，不要连年施用。另外盐碱地不宜施用。

61. 花生常用复合肥有哪几种？

复合肥根据制造工艺可分为化成复合肥、配成复合肥和混成复合肥。根据营养元素数量可分为二元复合肥和三元复合肥。花生常用的三元复合肥属于配成复合肥，磷酸铵和磷酸二氢钾属于二元化成复合肥。

三元复合肥　指同时含有氮、磷、钾三种营养元素的化学肥料，生产上可单独使用。根据养分含量划分为高浓度、中浓度和低浓度。高浓度复合肥氮磷钾总养分含量大于40％，常见的是40％和45％两种；中浓度复合肥总养分含量大于 30%，常见 30% 和 35% 两种；低浓度复合肥总养分含量小于 30%，常见 20% 和 25% 两种。三元复合肥由于所用原料及原料配比不同，氮、磷、钾三种营养元素的比例也有差异，对花生来讲，较为理性的比例为钾高于（或相近）氮高于磷，或三者相同。不宜施用氮含量最高的三元复合肥，氮含量高不仅会抑制根瘤固氮潜力的发挥，而且高产条件下易造成花生徒长倒伏而减产。

磷酸铵 可分为磷酸一铵（$NH_4H_2PO_4$）和磷酸二铵 $[(NH_4)_2HPO_4]$，它们都是由磷酸直接与氨反应生成的高浓度化成复合肥。磷酸铵的纯品为白色结晶物质，由于生产过程含有杂质，工业产品呈灰色，磷酸二铵有时含铁较多呈灰黄色。磷酸铵一般为粉剂，有一定吸湿性，吸水后易结块。磷酸一铵含氮 $10\%\sim14\%$，含磷（P_2O_5）$42\%\sim44\%$，经常作为生产复混肥料的原料。磷酸二铵在生产过程中加入防湿剂使其吸湿性减弱，成为颗粒状，含氮 18%，含磷（P_2O_5）46%，属于易溶于水的速效化肥。磷酸铵不能与碱性肥料同时施用，在石灰性土壤上施用易引起氨挥发而降低肥效。

磷酸二氢钾 分子式 KH_2PO_4，白色或灰白色粉末，有潮解性，在空气中稳定，溶于水，为速效肥料。磷酸二氢钾属高浓度磷钾二元化成复合肥料，含磷（P_2O_5）52% 左右，含钾（K_2O）34% 左右。可作基肥、追肥和叶面肥。

62. 花生常用钙肥有哪几种？

钙是花生需求较大的营养元素，同时生产上也常用钙肥作土壤改良用，生石灰、石膏、石灰氮和硅钙肥是花生常用的钙肥。

生石灰 又称烧石灰、云石，主要成分为氧化钙（分子式 CaO），通常制法是将主要成分为碳酸钙的天然岩石，在高温下煅烧，即可分解生成二氧化碳和氧化钙。生石灰为生理碱性肥料，适用于酸性或中性土壤。在沿海地区有用贝壳做原料，经烧制成壳灰，作生石灰用。易吸潮，遇二氧化碳结块。

石膏 主要化学成分为硫酸钙（$CaSO_4$）的水合物，通常为白色、无色，有时因含杂质而呈灰、浅黄、浅褐等色，微溶于水。化学

式为 $CaSO_4 \cdot 2H_2O$。含氧化钙（CaO）23％，含硫（S）18％，可同时为作物提供钙和硫，为生理酸性肥料，适用于碱土或中性土壤。

石灰氮 石灰氮又叫氰氨化钙、碳氮化钙、氰氨基化钙，是一种混合物，由氰氨化钙（$CaCN_2$）、氧化钙（CaO）和其他不溶性杂质构成。石灰氮主要是粉末状，也有颗粒状，呈黑灰色，有特殊臭味，碱性肥料，约含50％的钙和35％的氮。石灰氮除可为作物提供钙氮营养外，同时具有杀虫、杀菌、除草、提高地温、改良酸性土壤等功效。石灰氮在花生可用于酸化土壤改良与补钙、降低连作土壤病虫源基数、减轻病虫危害等。石灰氮属无机有毒品，应贮存于阴凉、通风良好、干燥的仓库内，堆放时与仓壁保持10厘米以上距离，注意防潮、防水，不得与食物、饲料一起贮存。装卸时应轻拿轻放，防止包装破损。搬运时应穿工作服，戴口罩、手套。运输工具必须有防雨、防水设备，注意防水、防火、防潮。

硅钙肥 是一种硅钙复合型肥料，其中二氧化硅（SiO_2）含量40％～50％，有效硅20％～25％，氧化钙（CaO）含量35％～45％，微溶于水，可溶于酸。根据生产原料不同外观可分为白色、灰色、土黄色三种，为碱性肥料。硅钙肥除为作物提供钙和硅外，同时还含有铁、锌、钼、硒等多种微量元素。硅钙肥具无毒无味、无腐蚀性、长效不变质的特点。硅钙肥可提高氮、磷等肥料利用率，增强花生的抗虫、抗病和抗倒伏能力。适合于酸性或中性土壤。

63. 花生施用生物肥料应注意什么？

生物肥料一般指通过微生物生命活动可使农作物得到特定肥料效应的制品，也被称之为接种剂或菌肥，一般情况下它本身不含营养元素，不能代替化肥。生物肥的功效是一种综合作用，主要包括以下几个方面：①增进土壤肥力。如固氮微生物肥可以增加土壤中的氮素来源，解磷、解钾微生物肥，可以将土壤中难溶的磷、钾分解出来，供作物吸收利用。②制造和协助农作物吸收营养。根瘤菌侵染花生可固定空气中的氮素；微生物在繁殖中能产生大量的植物生长激素，刺激和调节花生生长。③增强植物抗逆能力。微生物肥由于在作物根部大量生长繁殖，抑制或减少了病原微生物的繁殖机会；抗病原微生物的作用，减轻作物的病害；微生物大量生长，菌丝能增加对水分的吸收，使作物抗旱能力提高。

施用时应注意以下几点：①适宜的土壤墒情有助于微生物活动，若土壤墒情不足，应及时灌溉。②没有获得农业部登记证的微生物肥料，质量无法保证，不宜购买。③国家规定微生物菌剂有效活菌数≥2亿/克（颗粒1亿/克），复合微生物肥料和生物有机肥有效活菌数≥0.2亿/克。有效活菌数达不到标准的不能购买。④目前我国微生物肥料有效菌存活时间超过1年的不多，微生物肥料购买后要尽快施用，过期的微生物肥料效果降低或无效。⑤用微生物肥拌种，用量应准确，过量易造成花生烂种。⑥微生物肥料中很多有效活菌不耐高低温和强光照射，不耐强酸碱，不能与某些化肥和杀菌剂混合。因此，微生物肥料的保存与施用须严格按产品说明书进行。

64. 花生施用缓控释肥有什么好处？

缓释肥又称长效肥料，其施入土壤后有效养分释放的速度明显慢于普通氮肥。缓释肥的高级形式为控释肥，其养分释放规律与作物养分吸收基本同步。与普通氮肥相比，缓控释肥的优点主要在于：①解决花生"中旺后衰"的问题。普通氮肥由于肥效快，很易造成花生中期徒长倒伏，后期脱肥早衰。而缓控释肥可以基本按花生不同生育阶段对氮的需求释放，不会出现中期土壤氮肥过剩，后期供应不足的问题。②提高化肥利用率，减少化肥用量。由于缓控释肥具有缓释作用，可以减少化肥的气态和淋洗损失，从而提高化肥的利用效率。试验表明，控释肥可显著提高肥料利用率，降低流失率，减少氮肥用量。花生上缓控释肥的用量可比普通氮肥减少15%～30%。③减少施肥次数，节省劳力。目前市场上销售的肥料基本上为速效高氮型复合肥，分次施肥费时费工。而缓控释肥一次性基施就可以满足花生整个生长季节的需求。

65. 花生施肥的基本原则是什么？

因地定产定肥 花生施肥数量的确定有多种方式，但无论哪种方式，首先要确定目标产量。确定目标产量有两种情形：一是目标产量与往年该地块常年水平相当，即不要求产量比往年有增加，此时，一般取前3年的平均值；二是目标产量有较大提升，一般取比常年产量增加10％～15％作为目标产量。

有机无机肥搭配 有机肥料中不仅含有大量的有机质，而且含有多种营养物质，但有机肥料施入土壤后多数物质要经微生物分解、腐烂后才能释放出养分供作物吸收，见效慢，化肥则施入土壤后即能发挥作用，肥效快，且肥料浓度高，施用方便，两者各有优缺点。有机肥与化肥配合可扬长避短，在满足作物对营养需求的同时，可提高或维持地力，实现可持续增产。

氮磷钾肥为主 氮磷钾等营养元素，植株生育需要量大，而土壤或根瘤（主要是氮）提供的数量正常情况下难以满足花生生长发育的需要，所以施肥要以氮磷钾化肥为主。

适当增钙补微 钙素虽然在植株吸收数量上与磷钾等不分上下，但多数土壤供钙能力高于氮磷钾，因此，正常情况下钙肥并不需要像氮磷钾用量那么多，除非钙胁迫较严重的地块，一般两年施一次即可。随着我国花生产量水平的不断提高，每年从土壤中带走的微量元素有可能超过施肥所带入土壤的量。长期如此，有可能出现微量元素缺乏的问题。但毕竟花生对微量元素的吸收量很少，即使施用微肥，一般2～3年基施一次即可。

施足基肥，适当追肥 增加氮、磷、钾肥基施比例可满足花生幼苗生根发棵的需要。地膜覆盖花生机械化种植应一次性施足有机肥和氮、磷、钾肥基施。有些情况可基肥与追肥结合，如在保肥水性能差的沙性土壤上，麦套花生（无法覆盖地膜）可采取基肥加1～2次追肥的方式进行，以减少肥料流失，提高肥料利用率。肥料的分配比例为基施、始花期追施和结荚期追施各占1/3。注意氮肥追施比例高，易引起徒长、倒伏和病虫害，钾肥追施比例高，易引起烂果。

前茬肥、当茬肥配合 花生对前茬肥利用率高，增产效果大。对当茬肥利用率低，增产效果低。当茬肥是对后茬土壤养分的补偿，所以，花生前茬肥和当茬肥配合施用可作为花生轮作施肥原则。

66. 如何计算花生肥料利用率？

肥料利用率是花生所能吸收肥料养分的比率，用以反映肥料的利用程度。肥料利用率高，经济效益就大。需要指出的是，由于花生根瘤菌可为花生生育提供氮素，因此计算肥料利用率的方法对氮素而言不够准确，目前一般采用^{15}N示踪技术来确定氮肥利用率。

实例一：花生田氮肥氮素施用量为 90 千克/公顷，N 来源为^{15}N 标记尿素，丰度*为 10.3%，收获期花生干物质积累量为 6 713 千克/公顷，干物质氮素含量为 2.84%，干物质样品^{15}N 丰度为 1.38%，则氮肥氮素利用率计算如下：

氮素积累量＝干物质积累量×氮素含量＝6 713 千克/公顷×2.84%＝190.65 千克/公顷；肥料氮氮素积累量＝氮素积累量×（干物质样品^{15}N 丰度/肥料^{15}N 丰度）＝190.65 千克/公顷×（1.38%/10.3%）＝25.54 千克/公顷；氮素利用率＝肥料氮氮素积累量/肥料氮氮素施用量×100%＝25.54 千克/公顷/90 千克/公顷×100%＝28.38%。

实例二：花生田无钾肥区花生单产 4 500 千克/公顷，施用硫酸钾 150 千克/公顷后，花生单产 6 000 千克/公顷，则硫酸钾中钾素的利用率为＝｛（施肥区产量－无肥区产量）/100×百千克经济产量需养分量｝/施入养分总量×100%＝｛（6 000－4 500）/100×2.5）/（150×50%）×100%＝37.5/75×100%＝50%。

式中：2.5 为花生 100 千克荚果需钾量，50% 为硫酸钾含钾量。

一般情况下，花生肥料利用率氮肥为 25%～40%，磷肥为 20% 左右，钾肥最高可达 50% 以上。肥料利用率不是固定不变的，受多种因素的影响，如肥料的种类与性质、土壤类型与理化性质、花生品种类型、气候条件、田间管理等。

67. 如何提高花生肥料利用率？

提高肥料利用率可从以下几个方面入手。

---

* 指一种化学元素在某个自然体中的重量占这个自然体总重量的相对份额（%）。

有机肥与无机肥配施　有机肥与无机肥（化肥）配合施用可活化土壤中的磷，减少无机磷的固定，提高土壤中微生物含量及土壤酶活性。有机无机肥配施可促进花生生长发育，提高花生荚果产量，促进营养元素的吸收。

配方施肥　根据花生需肥特点及土壤养分含量，合理调配氮、磷、钾、钙及微量元素肥料施用量，有利于充分发挥肥料的增产潜力，不会因为由于某一种元素缺乏导致减产而影响其他元素的吸收利用。各地试验结果表明，平衡施肥的增产效果往往高于单施某一种肥料的增产效果。

因土施肥　黏土地土质黏重，肥料挥发淋失少，肥料可一次性基施，沙壤地保水保肥能力差，肥料可分次施用，土壤供肥能力强，可适当减量，反之，可适当增加用量。

适当深施　挥发性强的肥料可适当深施。如深施氮肥可以促进固态氮的转化，减少氮素挥发，促进作物根系吸收。

叶面追肥　叶面追肥具有养分吸收快、利用效率高、用肥少等特点。据试验，叶面追施尿素，肥料利用率可达到55%以上。叶面追施氮磷钾及硼钼等微量元素是花生丰产栽培的有效措施之一。

肥水一体化　肥水一体化技术在测土配方施肥的基础上，根据花生不同生育时期的需肥规律，采取定时、定量、定向的施肥方式，可节肥30%～50%。

施用新型肥料　缓控释肥具有缓慢释放的特点，在一定程度上可减少养分的挥发、固定和淋溶，提高肥料利用率。普通无机氮和控施氮配合使用可以满足花生整个生育期对氮素的需求，尤其是生育后期对氮素的需求，同时延长花生叶片功能期，减少硝态氮向耕层以下淋溶，提高氮肥利用率。

68. 如何应用养分平衡法确定花生化肥适宜用量？

养分平衡法是国内外配方施肥中最基本和重要的方法。此法根据农作物需肥量与土壤供肥量之差来计算实现目标产量的施肥量。养分平衡法涉及目标产量、作物需肥量、土壤供肥量、肥料利用率和肥料中有效养分含量五大参数。如果施用有机肥，还涉及有机肥供肥量。

具体可用下式表示：

施肥量＝(目标产量需肥量－土壤供肥量－有机肥供应量)/(肥料利用率×肥料养分含量)

＝[(单位产量养分吸收量×目标产量)－(土壤测定值×2.25×校正系数)－有机肥用量×养分含量]/(肥料养分含量×肥料当季利用率)

其中目标产量所需养分量＝(目标产量/100)×百千克产量所需养分量；土壤供肥量＝土壤养分测定值×2.25×校正系数，土壤测试值以毫克/千克表示，2.25是土壤耕层养分含量测定值换算成每公顷土壤养分总量的系数，校正系数一般可取0.55。

由于花生所吸收的氮素有相当一部分来自根瘤菌固氮作用。而固氮能力的大小与施氮量有关，一般情况下，根瘤供氮量随施氮量的增加而降低，而产量与施氮量一般呈正相关，即产量高的需氮量大。因此，可用产量水平大体估计根瘤供氮的比例。目标产量为4 500～6 000千克/公顷，根瘤菌供氮量可取50％～60％；低于4 500千克/公顷，可取60％；高于6 000千克/公顷，可取50％。

69. 如何应用地力差减法确定花生化肥适宜用量？

作物在不施任何肥料的情况下所得的产量称空白田产量，它所吸收的养分，全部取自土壤。对于花生等豆科作物，氮素来自土壤和根瘤固氮。从目标产量中减去空白田产量，就应是施肥所得的产量。按下列公式计算肥料需要量：

肥料需要量＝作物单位产量养分吸收量×(目标产量－空白田产量)/(养分含量×肥料当季利用率) 例如，某农户花生目标产量6 000千克/公顷，空白区产量为4 000千克/公顷，则每公顷施尿素为：

尿素用量(千克/公顷)＝[0.05×(6 000－4 000)]/(0.46×0.35)＝(0.05×2 000)/(0.161)＝100/0.161＝621.1

取根瘤菌供氮量50％，百千克产量氮素吸收量0.05，尿素用量(千克/公顷)＝621.1×0.5＝311。

同理也可计算磷钾肥等用量。

这一方法的优点是不需要进行土壤测试，避免了养分平衡法的缺点。但空白田产量不能预先获得，需先做试验获得，给推广带来了困难。

70. 如何根据氮、磷、钾比例法确定花生化肥适宜用量？

通过田间试验，在一定区域的土壤上，取得单位产量所需要的养分及各种养分间的配比，然后根据目标产量确定不同产量水平的适宜施肥量。据试验，山东地区每生产100千克花生荚果适宜的施肥量为纯 N 1.0～2.0 千克、P_2O_5 0.5～1.0 千克和 K_2O 1.5～2.5 千克。氮、磷、钾三元素间的比例为 2：1：（2.5～3）或 1：0.5：（1.25～1.5），具体用量可根据土壤肥力情况浮动，肥力高的可适当减量，反之可适当增量。例如，在肥力中等偏上的地块上，单位产量所需氮、磷、钾用量可取中值偏低，即分别取 1.3 千克、0.7 千克和 1.8 千克，若目标产量为 6 000 千克/公顷，则氮（N）、磷（P_2O_5）和钾（K_2O）公顷用量分别为 78 千克、42 千克和 108 千克。

该法的优点是应用时非常简单，是目前花生施肥应用最为普遍的方法。缺点是花生单位产量所需氮磷钾用量是需要大量田间试验，工作量较大，即使这样所得数据也很难完全代表这一区域的真实情况，实施起来误差较大。

71. 如何混配含有复合肥的无机肥？

如果施用复合肥进行配方施肥，就需要用其他单一肥料与复合肥配施。方法为先用三元素用量最少的元素 P 计算复合肥的用量，然后根据复合肥的用量计算出其中所含的氮和钾的用量，最后用单一肥料补齐所欠缺的氮和钾用量。

实例一：上例中，氮、磷和钾公顷用量分别为 78 千克、42 千克和 108 千克。若施用三元复合肥（15 - 15 - 15）、尿素和硫酸钾，配肥步骤如下：

三元复合肥的用量（千克/公顷）＝42/0.15＝280。由于三元复合肥中氮磷钾含量相等，所以应从氮和钾中减去 42 千克，然后在折合到氮和钾的肥料用量。尿素用量（千克/公顷）＝（78-42）/0.46＝78，硫酸钾用量（千克/公顷）＝（108－42）/0.5＝132。即该地块需公顷施三元复合肥 280 千克，尿素 78 千克，硫酸钾 132 千克。

实例二：上例中，氮、磷和钾公顷用量分别为 78 千克、42 千克和 108 千克。若施用磷酸二铵（N 18％，P_2O_5 48％）、尿素和硫酸钾，配肥步骤如下：

磷酸二铵用量（千克/公顷）＝42/0.48＝87.5，尿素用量（千克/公顷）＝（78－87.5×0.18）/0.46＝135。由于磷酸二铵中不含钾元素，故硫酸钾用量（千克/公顷）＝108/0.5＝216。所以，该地块需公顷施磷酸二铵 87.5 千克，尿素 135 千克，硫酸钾 216 千克。

72. 如何量化有机肥中有效营养元素的量？

有机肥不仅含有大量有机质，且含有氮磷钾等多种营养元素，这些元素在当季部分可被花生吸收利用，部分取代化肥。如何量化有机肥中各种营养元素的作用，通常有以下两种方法。

同效当量法　由于有机肥和无机肥的当季利用率不同，通过试验，计算出有机肥某种养分相当于几个单位化肥该养分的肥效，这个系数称为"同效当量"。利用这个系数进行有机肥、无机肥的分配，称为"同效当量法"。例如，测定氮的有机无机同效当量，可在施用等量磷、钾的基础上，用等量的有机氮和无机氮两个处理，并以不施氮肥为对照，得出产量后，用下列公式计算同效当量：

同效当量＝（有机氮处理单产－无氮处理单产）/（化学氮处理单产－无氮处理单产）

如：施有机肥 1 000 千克/公顷，有机肥氮含量为 0.5％，折合有机氮 5 千克，花生单产 5 000 千克/公顷；无机氮 5 千克/公顷的处理，花生单产 6 000 千克/公顷；不施肥处理，花生单产 3 900 千克/公顷，则

同效当量＝（5 000－3 900）/（6 000－3 900）＝0.52，即 1 千克有机氮相当于 0.52 千克无机氮。

此例中，有机肥氮的贡献量＝有机肥用量×有机肥氮含量×同效当量＝1 000×0.5％×0.52＝2.6 千克。

养分差减法　在掌握有机肥养分含量和有机肥该养分利用率的情

况下，可先计算出有机肥中的养分含量，同时，计算出当季能利用多少，然后从需肥总量中减去有机肥能利用部分，剩余部分就是无机肥应施的量。

有机肥中氮的贡献量＝有机肥用量×有机肥氮含量×当季利用率

如：已知猪圈肥含氮（N）0.45％，当季利用率为25％，计算公顷用猪圈肥 7 500 千克时氮的贡献量。

猪圈肥氮的贡献量＝7 500×0.45％×25％＝8.4 千克。

73. 什么是花生"两肥一减"高效施氮技术？

山东省花生研究所根据花生特有的氮素利用特点，研究出"两肥一减"高效施氮技术。该技术的要点为：施总量 1/3 的普通氮肥用于培育壮苗，亦称"壮苗肥"；总量 2/3 的缓释氮肥用于充实荚果，亦称"充荚肥"，缓释肥的用量比常规用量减少 15％。用公式可表示为：氮肥用量＝1/3 普通氮肥＋2/3 缓释氮肥×0.85。全部氮肥于播种前做基肥一次施用。

该施肥技术的优点是：①解决了花生苗期对氮的需求。始花前花生植株生长及根瘤固氮的启动都需要一定的氮素，而缓释肥难以满足这一要求。②解决了花生生育后期因脱肥而引起的早衰。进入饱果期后，根瘤菌固氮能力和供氮数量急剧下降，而这一时期正是荚果充实期，缓释肥在一定程度上弥补了根瘤供氮留下的亏缺。③提高了根瘤固氮能力。该技术可使花生全生育期土壤氮浓度始终处在一个相对稳定的条件下，避免了普通氮肥生育前期因土壤氮浓度过高对根瘤固氮带来的不利影响。该技术比传统施用纯普通氮肥增产 15％以上，比施纯缓释肥增产 8％以上。

74. 什么是精准施肥？

精准施肥，又称变量施肥技术，是以不同空间单元的产量数据与土壤理化性质、病虫草害、气候等多层数据的综合分析为依据，以作物生长模型、作物营养专家系统为支持，以高产、优质、环保为目的的施肥技术，要求对农业生态系统进行养分平衡研究，从而可以实现在每一操作单元上因土壤、因作物预计产量的差异而按需施肥，有效控制物质循环中养分的输入和输出，防止农作物品质变坏及化肥对环境的污染和破坏。

精准施肥是精准农业的核心内容之一。所谓的"精准农业"是将遥感、地理信息系统和全球定位系统、计算机技术、自动化技术、通讯和网络技术结合农学、地理学、生态学规律和模型，根据土壤特性和作物生长需要，调控差异，实施机械精准定位、定量操作，最大限度的发挥土壤和作物潜力的一项综合技术，既能满足作物生长需要，又可以减少物资投放，从而降低物资消耗，增加经济效益，保护生态环境，实现农业可持续发展。

精准施肥是提高肥料利用效率、增加作物产量、降低富营养化等环境风险的有效措施之一，主要包含两方面的内容：一是从时间的角度，合理肥料施用，使养分供应和作物的养分需求规律相一致，做到肥料投入和作物需求相协调；二是从空间的角度，根据农田每个操作单元的养分丰缺状况，肥料进行适量投入，做到肥料变量投入和农田肥力高低相协调。其主要特点是：合理施用化肥，降低生产成本，减少环境污染；节约水资源；节本增效，省工省时，优质高产；使农作物的物质营养得到合理利用，保证农产品的产量和质量。

精准施肥技术路线和原则是在充分了解土地资源和作物群体变异情况的条件下，因地制宜地根据田间每一操作单元的具体情况，精细准确地调整肥料的投入量，获取最大的经济效益和环境效益，涉及农田信息获取、信息管理与处理、决策分析、决策的田间实施四大主要技术环节。

75. 如何使用花生叶面肥？

花生叶片对营养元素有较强的吸收利用能力，作为重要的根外营养施肥方式，叶面肥有其他施肥方式难以取代的优势：一是针对花生养分需求，供给及时、见效快。特别是当花生根系吸收能力弱植株出现缺素症状时，叶面施肥能够很大程度上缓解和改善植株营养状况，使其正常完成生长发育过程；二是喷施相对方便，受田间其他管理措施如起垄、覆膜等影响小；三是花生叶面施肥吸收利用率高，节约效果显著。叶面喷施氮肥，植株吸收利用率可达到80%以上。避免了土壤施肥所引起肥料利用率低、环境污染风险大的问题，相对环保、安全。

一般说来，花生叶面肥使用的时期为花生始花至成熟前 15～20 天，具体时间可根据花生田间长相来确定。对于出现营养元素胁迫症的要及时喷施。如田间出现新叶发黄缺铁症时，应立即喷施硫酸亚铁等叶面肥进行校正。对于没有明显缺素症的田块，硼钼等微量元素一般在盛花期前后喷施，促进营养生长与生殖生长；氮磷钾等大量元素一般在生育后期喷施，主要用于防早衰，增加饱果率。叶面肥一般喷 1～3 次，每次间隔 7～10 天。在不影响效果的前提下，叶面肥可与防病治虫一起进行，以减少田间作业次数。另外，喷施花生叶面肥，应选择无风阴天、晴天上午 9 时前和下午 4 时后喷施，喷后 4 小时遇雨，雨后补喷，同时要严格掌握喷施浓度，避免伤害叶片，造成肥害。

76. 花生常用叶面肥有哪些？

花生叶面肥的种类较多，常规叶面肥根据作用及功效分为营养型叶面肥和功能型叶面肥。营养型叶面肥直接提供花生所需的养分元素，功能型叶面肥由无机营养元素和植物生长调节剂、有机酸类物质、农药、杀菌剂及一些有益物质等混配而成，能够调控花生生长发育和补充所缺营养。综合叶面肥的特性和花生的需求，根据不同的划分标准，花生叶面肥可分为五种：①根据叶面肥功效可分为营养型叶面肥（如磷酸二氢钾）和功能性叶面肥（如腐殖酸类叶面肥）等。②根据花生需求状况可分为大量元素肥（如硫酸铵）、中量元素肥（如硅钙肥）和微量元素肥（如硼酸、钼酸铵、硫酸亚铁）等。③根据叶面肥成分形态可分为无机型肥（如硫酸钾）、有机型肥（如氨基酸有机肥）和有机无机复合型肥（如黄腐酸钾）等。④根据叶面肥物质种类可分为单质型肥（如尿素）、复合型肥（如磷酸二铵、硝酸钾）和掺混型肥（如磷酸铵—氯化钾掺混肥）等。⑤根据叶面肥剂型可分为固体肥（有颗粒态、片状等）和液体肥（清液型、悬浮型）等。

77. 花生化肥减施有哪些途径？

增加有机肥或有机物料的投入　有机肥中不仅含有植物必需的大

量营养元素、微量元素，还含有丰富的胡敏酸、维生素、生长素和有机氮、磷等有机养分，肥效缓而持久。同时有机肥还含有大量有机质，对土壤的水、肥、气、热状况均有良好的调节作用，可为土壤微生物活动提供良好的生境，加速土壤中有机质的矿质化过程，增强土壤供肥能力，提高作物持续增产能力。另外，秸秆还田也是改善土壤理化性质、提高土壤持续供肥能力的有效措施。

测土配方施肥　测土配方施肥可根据花生需肥规律、土壤供肥能力和肥料效应，提出氮、磷、钾及中微量元素的施用数量、比例。能够实现各种养分的平衡供应，达到肥料减量增效、花生增产提质的目的。

施用缓控释肥　缓控释肥能控制养分释放速度，实现作物需要与肥料供应相对一致，从而提高肥料利用率和降低肥料对环境的污染，是最具应用前景的一种新型肥料。花生施用缓控释肥氮肥用量可减少15％～30％。节肥效果显著。

采用水肥一体化　膜下滴灌可将灌溉与施肥融为一体，水分能够直接把花生所需要的肥料随水均匀地输送到植株的根部，降低肥料损失，同时根据花生不同生育期"按需供肥"。该技术比常规技术可节肥30％～50％，增产15％以上。

选用营养高效品种　同一作物不同基因型品种对营养元素吸收能力及利用效率存在较大差异。如氮素营养高效品种有花育22、潍花8等，磷素营养高效品种有花育36、花育39等，钙素营养高效品种有花育32等。

追施叶面肥　叶面追肥具有肥效快、用量少、利用率高等特点，尤其对中低产田花生，效果显著。试验表明，花生叶面追肥的利用率可达常规根系施肥的2～3倍，其中氮肥利用率可高达80％以上，是花生增产和化肥减施的有效措施。

五、病虫草害防控

78. 花生病虫草害主要防控方法有哪几种？

花生病虫草害常用防控方法主要有农业防控、物理防控、生物防控和化学农药防控。

农业防控　为防控农作物病虫害所采取的农业技术综合措施、调整和改善作物的生长环境，增强作物对病虫害的抵抗力，创造不利于病原物和害虫生长发育或传播的条件，以控制、避免或减轻病、虫、草的危害。常用的措施主要有：选用抗病虫品种、调整品种布局、选留健康种子、轮作、深耕灭茬、调节播种期、合理施肥、及时灌溉排水、搞好田园卫生和安全运输贮藏等。农业防控可以有效改善环境、保护环境不受污染，维持生态农业的平衡，充分发挥生物的多样性，从而不用农药或少用农药，保证产品质量安全、优质、营养，促进人类健康。

物理防控　利用害虫的某些生理特性或习性，通过物理因子或机械作用对有害生物生长、发育、繁殖等进行干扰，以降低虫口密度的方法。常用的方法主要有：利用害虫对颜色的趋性进行诱杀；利用无色地膜、有色地膜、防虫网等各种功能膜防病、抑虫；利用害虫趋光性诱杀；利用自然或人为地控制调节温湿度，使之不利于有害生物的生长。物理防控简便易行，成本低，可用于有害生物大量发生之前，或作为有害生物已经大量发生危害时的急救措施。

生物防控　利用某些有益生物或生物的代谢产物对有害生物进行防控，它可以通过生物间的竞争作用、抗菌作用、寄生作用、交叉保护作用等来抑制某些有害生物的发生。常用方法主要包括保护和利用天敌昆虫；使用生物农药防治病虫害等。生物防控不污染环境，病虫害不容易产生抗性，且有持续控制有害生物的优点。

化学农药防控　用化学杀虫和杀菌剂进行病虫草害防控。常用化学农药主要包括杀虫剂、杀菌剂、杀螨剂、杀线虫剂、除草剂、脱叶剂、植物生长调节剂等。化学防控具有适用范围广、防治对象多、生产成本低、防治效果好、经济效益高等特点。

79. 花生使用生物农药应注意哪些问题？

生物农药是指用来防治病虫害的生物活体及其代谢产物和转基因产物，并制成商品的生物源制剂，具有选择性强、对人畜安全、对生态环境影响小、可以诱发害虫流行病、可利用农副产品生产加工和害虫不易产生抗性等特点。常用的生物农药主要有：BT 乳剂、苏云金杆菌、金龟子芽孢杆菌、白僵菌、绿僵菌、阿维菌素等。生物农药使用时应注意以下事项。

使用方法　多数生物农药无内吸性，喷药时要注意喷洒均匀才能起到良好效果。如白僵菌，必须将菌体均匀喷洒到害虫身上，菌体不断繁殖，最终使害虫代谢紊乱而死亡。

使用时间　生物农药作用缓慢，宜在害虫低龄幼虫期使用。许多生物农药杀虫效果缓慢，比不上化学农药喷后立竿见影。因此，用药时间应比化学农药提前 2～5 天。如 BT 乳剂、白僵菌等，一般喷药后，害虫 3～5 天才逐渐死亡。

气候条件　生物农药有些菌类，只有在适宜的气候条件下，这类农药才会充分发挥作用。一般生物农药适宜的温度为 20～30℃，湿度越大越好，同时要避免过强的光照条件，杀死有益菌。

随配随用、一次用完　药剂配好后，要尽快使用，以免降低药效。如白僵菌等，配好后要在 2 小时内喷完，以免孢子过早萌发，失去效力。

注意混配禁忌　生物农药可以和多种杀虫剂混用，或加入少量洗衣粉，能增加其黏着能力，提高药效。但生物农药不能和杀菌剂混用，也不宜与碱性农药混用，以免引起菌类失活。

安全贮藏　生物农药贮藏的地点要求阴凉、干燥、避免受潮失效。如苏云金杆菌、井冈霉素等，它们的特点是不耐高温、不耐贮藏、容易吸湿霉变、失活失效，而且保存期不能超过 2 年。

80. 农药使用中配药、喷药时要注意哪些事项？

注意喷药时间　喷药最好在上午 10 时之前和下午 5 时之后，要尽量避免中午高温时段喷药。

注意安全处理包装　配药时应在远离饮用水和居民点的地方进行，用后的农药包装物要烧毁或深埋，切不可用农药瓶、农药袋来装食品和饮用水。

注意自身安全　配药、搬药和施药时，要佩戴口罩、乳胶手套、帽子、穿长袖衣裤、鞋袜，不得抽烟、吃东西，不能用手擦嘴、脸、眼睛。防止药剂沾染皮肤、眼睛。施药结束后，要立即用肥皂洗澡和更换干净衣物。

注意提高喷雾质量　要求药液雾滴分布均匀，覆盖率高，药液量适当，以湿润植株表面不产生流失为宜。防治某些害虫和螨类时，要进行特殊部位的喷雾。如蚜虫和螨类喜欢在叶片背面危害，防治时，要进行叶背面针对性喷雾，才能收到理想的防治效果。

注意喷药方式　使用喷雾器喷药时不要迎风操作，不要左右两边同时喷射，应隔行喷雾，最好能倒退行走操作。大风和中午高温时应停止施药。

禁止施药人群　儿童及怀孕期、哺乳期、月经期的妇女禁止施药。

及时科学处理农药中毒　施用过高毒农药的地方要竖立警戒标志，防止人畜、家禽进入。若不慎沾染农药时，应立即更换衣服，用肥皂水冲洗皮肤。如发生头晕、呕吐等农药中毒症状，应立即送医院救治，并出示曾使用的农药标签，以便医生对症下药。

81. 如何识别和防控花生叶斑病？

花生叶斑病通常包含褐斑病（视频 1）和黑斑病（视频 2）两种，褐斑病和黑斑病又分别称为花生早斑病和晚斑病。叶斑病在我国各花生产区普遍发生。

病害症状 褐斑病病叶先形成黄褐色和铁锈色针头大小病斑，后扩展成 4～10 毫米圆形或不规则病斑。表面淡褐色或暗黑，边缘有较明显的深黄色晕圈。老病斑上产生灰色霉状物，为病菌分生孢子梗和分生孢子。茎部、叶柄上病斑为长椭圆形，暗褐色，中间凹陷。严重病株早期落叶，茎部变黑枯死。

视频 1

黑斑病发病初期为褐色小点，后扩大为圆形或近圆形 1～5 毫米的黑褐色或暗黑色病斑，病斑周围没有黄色晕圈，或有较窄、不明显的淡黄色晕圈。叶背面生许多黑色小点或呈同心轮纹，潮湿时病斑

视频 2

产生一层灰褐色霉状物，为病菌分生孢子梗和分生孢子。病害严重时，叶片干枯脱落。病菌侵染茎秆，产生黑褐色病斑，使其变黑枯死。大田中褐斑病和黑斑病可同时混合发生。

发病规律 两种病菌发病最适温度为 25～30℃，病菌生长发育温度范围为 10～37℃，低于 10℃或高于 37℃均不能发育。病害流行要求 80%以上湿度。阴雨天气或叶面上有露水，有利于病菌分生孢子发芽、侵入及病害流行。多雨季节，气候潮湿，病害重，少雨干旱天气病害轻；花生生长前期营养生长旺盛，发病轻，后期生长衰弱发病重，幼嫩叶片抗病力强发病轻，老叶发病重；植株生长健壮，营养生长与生殖生长协调，发病轻，长势差发病重；连作地菌源多病害重，轮作地病害轻。

防控措施 ①合理轮作，减少田间初侵染源。花生与甘薯、玉米、水稻等作物轮作 1～2 年均可减少田间菌源，减轻病害。花生收获后，及时清除田间残株病叶，深耕深埋或用作饲料，也可减少菌源。②种植抗病品种。选用抗病品种，是减轻病害危害经济且有效的途径。较抗褐斑病的品种有鲁花 11、鲁花 13、粤油 22 等。较抗黑斑病品种有鲁花 14、豫花 7 号、粤油 92 等。③合理施肥与耕作。施足基肥，注意有机无机肥搭配、氮磷钾搭配等，有利于花生健壮生长，减轻病害发生程度。深耕 30 厘米较常规 20 厘米，将表土残留的病菌翻入下层深埋，可降低初侵染基数。④药剂防治。在发病初期，当田间病叶率达到 10%～15%时，应开始第一次喷药。选用 43%戊唑醇

悬浮剂 3 000 倍液、恶霉灵和 25％咪酰胺乳油各 1 000 倍液混喷，或 77％多宁可湿性粉剂 800 倍液、30％苯甲·丙环唑乳油 1 500 倍液、60％百泰 1 500 倍液、70％甲基硫菌灵 1 000 倍液、10％苯醚甲环唑 1 000 倍液喷雾防治。

82. 如何识别和防控花生网斑病？

病害症状 花生网斑病又称褐纹病、云纹斑病、污斑病，是花生主要叶部病害之一，是一种真菌性叶部病害（视频 3）。花生网斑病最早发生于花期，

视频 3

上部叶片沿主脉产生圆形或不规则形黑褐色小病斑，病斑周围有褪绿圈。多雨季节病斑较大，直径达 1～1.5 厘米，叶背面病斑不明显，呈淡褐色。后期病斑上出现栗褐色小粒点，可造成叶片脱落。

发病规律 花生网斑病发生及流行适宜温度低于其他叶斑病害。7～8 月，如果持续阴雨或温度偏低则有利病害发生，尤其是阴湿与干燥相交替的天气，极易导致病害大流行。高产田生长旺盛，田间郁闭，通风透光条件差，有利于病害发生。此外，连作有利于病害发生，连作年限越长病害发生越重；覆膜栽培一般重于露地栽培。

防控措施 ①封锁初侵染来源。花生网斑病初侵染主要来自田间。与其他作物实行轮作，或花生收获后及时将病叶残体清理集中烧毁，或深翻土壤，均可减轻病害发生；播种后将杀菌剂与除草剂混配后喷施可起到防病和除草双重功效。②选用抗病、耐病品种。不同花生品种对网斑病的抗性差异较大，潍花 8 号、丰花 8 号、花育 22、花育 26 等对网斑病有一定的抗性。③加强田间管理。施足底肥，增施有机肥，注意氮、磷、钾肥配施，促进植株健壮生长，及时化控，防止植株徒长倒伏，有利于减轻病害发生。④药剂防治。7 月上中旬开始用杀菌剂、物理保护剂和生物制剂喷洒叶片。其中联苯三唑醇效果最好，其次为抗枯灵、代森锰锌、多菌灵等。将以上药剂混用防病效果更好，并可兼治花生黑斑病、褐斑病和焦斑病。

83. 如何识别和防控花生锈病？

病害症状 花生锈病（视频 4）一般始发于花期，从植株下部叶

片开始，后逐渐向上扩展到顶叶。发病初期，首先叶片背面出现针尖大小的白斑，同时相应的叶片正面出现黄色小点，以后叶背面病斑变成淡黄色并逐渐扩大，呈黄褐色隆起，为病菌夏孢子堆。夏孢子堆多发生于叶片的背面，其周围具有不十分明显的

视频 4

黄色晕圈，表皮破裂后散发出夏孢子，用手摸可粘满铁锈色粉末状的夏孢子。严重时，整个叶片很快变黄枯干，植株枯死。一般自花期开始危害，先从植株下部叶片发生，后逐渐向上扩展到顶叶，使叶色变黄。后期病情严重时也能扩展到叶柄、茎枝、果柄和果壳。其上夏孢子堆与叶上相似，椭圆形。

防控措施 ①选种抗（耐）病品种。目前抗锈病花生品种较多，如粤油 7 号、粤油 13、粤油 223、粤油 92、粤油 79、汕油 523、湛油 30、湛油 62、汕油 27、泉花 327 和中花 4 号等。②创造有利植株生长、不利病菌侵染的生态环境。因地制宜调整播期，春播花生应适当早播，以避过生长后期多雨、高温的花生锈病盛发期。秋花生应适当晚播（立秋前），以避过花生生长前期多雨季节。合理密植，配方施肥，多施有机肥，增施磷钾肥和石灰，增强花生抗病力。适时喷施叶面营养剂，完善排灌系统，雨后及时清沟排水降湿。花生收获后，及时处理病株残体，减少田间菌源基数。③药剂防治。用联苯三唑醇 1 000 倍液，或 20％三唑酮 EC 450～600 毫升兑水 750 升，残效期 40～50 天，全生育期只需喷 1～2 次即可达到良好效果。也可用 50％胶体硫 150 倍液，或 75％百菌清 WP 500～600 倍液、50％克菌丹 500 倍液、95％敌锈钠 500 倍液加 0.1％洗衣粉、80％代森锌 WP 600 倍液。

84. 如何识别和防控花生疮痂病？

病害症状 花生疮痂病可以危害植株的叶片、叶柄、叶托、茎秆和子房柄，其症状是病部均表现木栓化疮痂，其病症通常不明显，但在高湿条件下，病斑上长出一层深褐色绒状物，即病菌分生孢子盘。具体特征如下：①叶片。病株新生叶片（复叶）畸形歪扭。最初在叶片和叶柄上产生很多小褪绿斑，病斑均匀分布或集中在叶脉附近。随

病情发展，叶片正面病斑变淡褐色，边缘隆起，中心下陷，表面粗糙，呈木栓化，严重时病斑密布，全叶皱缩、扭曲；叶背面病斑颜色较深，病斑最大直径可达 2 毫米，在主脉附近经常多个病斑相连形成更大病斑；随着受害组织的坏死，常造成叶片穿孔。②叶柄。病斑卵圆形至短梭形，比叶片上的稍大。宽 1～2 毫米，长 2～4 毫米，褐色，中部下陷，边缘稍隆起，有的呈典型的"火山口状"开裂。③茎。病斑形状、颜色、质地与叶柄上的相同。经常多个病斑连合并绕茎扩展，呈木栓化褐色斑块，有的长达 1 厘米以上。在病害发生严重情况下，疮痂状病斑遍布全株，植株显著矮化，或植株呈弯曲状生长。④子房柄。症状与叶柄上的相同，但有时肿大变形，荚果发育明显受阻。

防控措施 ①实行轮作，可与水稻、玉米、甘薯等作物轮作。②减少越冬菌源。田间病残物、收获后的茎蔓等应及时清除。禁止施用未腐熟的有机肥。平衡施肥，促进植株前期健壮生长，防止后期徒长。③药剂防治。用 25%多硫粉 500 倍液，或 50%多菌灵 WP，或 50%复合多菌灵 WP 600～800 倍液，或 40%疫霜锰锌 800 倍液，或 12.5%特谱唑 2 000～3 000 倍液，或 80%炭疽福美 WP 500～600 倍液，或 25%吡唑醚菌酯乳油 4 000～6 000 倍液，从发病初期开始，视病情隔 7～10 天喷药 1 次，连喷 2～3 次。

85. 如何识别和防控花生茎腐病？

病害症状 花生茎腐病（视频 5）从苗期到成株期均可发生，主要危害子叶、根和茎等部位，以根颈部和茎基部受害最重。种子发芽后出苗前就可

视频 5

发病，重病田造成烂种。轻者幼苗出土前病菌先侵染子叶，使子叶变黑褐色腐烂，呈干腐状，进而侵入植株根颈部，产生黄褐色水渍状病斑，随病情发展渐变为黑褐色。病斑扩展环绕茎基时，地上部萎蔫枯死。幼苗发病到枯死通常历时 3～4 天。在潮湿条件下，病部产生密集的黑色小突起（病菌分生孢子器），表皮易剥落，软腐状。田间干燥时，病部皮层紧贴茎上，髓部干枯中空。植株地上部分开始表现叶片发黄，叶柄逐渐萎蔫下垂，最后整株枯死，故也称此病为"掐脖

瘟""烂脚病""烂脖子"等。

成株期发病时，主茎和侧枝基部产生黄褐色水渍状病斑。病斑向上、下发展，茎基部变黑枯死，引起部分侧枝或全株萎蔫枯死，枯死部分有时长达10～20厘米长，病部密生小黑点。有时仅侧枝感病，病枝往往先后枯死；发病植株用手拔起时，往往在近地表处发生折断，发病植株地下部的荚果不实或腐烂。

防控措施 ①把好种子质量关。适时收获，及时晒干，安全贮藏，防止种子霉捂；播前粒选晒种；播种前用杀菌剂拌种。②选用抗病品种。对该病抗性较好的有鲁花11、鲁花13、远杂9102、豫花10号、豫花14、豫花2号、豫花4号、豫花5号、豫花7号、豫花8号等。③农艺措施。与禾谷类作物轮作，不宜与棉花、大豆等易感病作物轮作；花生收后及时清除田间遗留的病株残体，并进行深翻，以减少表层土壤中的病菌基数；田间要"三沟"配套，便于排灌，防止田间积水。④药剂防治。用50%多菌灵WP 1 000倍液，或70%甲基硫菌灵WP+75%百菌清WP按1：1的比例混匀配制1 000倍液，或用30%氢氧化铜+70%代森锰锌WP按1：1的比例混匀，配成1 000倍液，于花生齐苗后和开花前各喷一次，或在发病初期喷药2～3次，着重喷淋花生茎基部。

86. 如何识别和防控花生根腐病？

（1）病害症状 花生根腐病有腐霉根腐病和镰孢菌根腐病两种。

腐霉根腐病 花生整个生育期都能被腐霉菌侵害，在苗期可引起猝倒，中、后期又能引起萎蔫、荚腐及根腐，可因危害部位和时期分为猝倒、萎蔫和腐烂三种类型。幼苗出土时或出土后大多数弱苗或受伤苗容易感染此病。典型的症状是病菌侵害幼苗的胚轴、茎基部初期出现水渍状、长条病斑，病部稍微下陷，之后逐渐扩大环绕整个胚轴或茎后，变为褐色水渍状的软腐，最后造成幼苗迅速萎蔫倒伏，表面布满白色菌丝体。萎蔫症状一般仅发生于个别分枝上，全株性萎蔫的不多。病枝上的叶片很快褪色，从边缘开始坏死，迅速向内延伸，扩展到叶片全部，终至整个复叶干枯皱缩。在花生生长中后期，该病菌又能引起荚果、子房柄甚至全部根系的腐烂，特别是在潮湿的土壤中

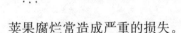

荚果腐烂常造成严重的损失。

镰孢菌根腐病 花生从苗期到生长后期都能受侵染发病，但以开花结果期根部受害最重。在花生幼芽未出土前受害，胚轴常呈淡黄色水渍状病痕，渐变为褐色乃至灰色而腐烂。在潮湿的土壤中烂芽的表面可长出粉红色霉层（病菌的分孢梗及分生孢子）。盛花期前后是发病盛期，最初在近地面的幼茎基部出现黄褐色水渍状病痕，后渐变褐色，皮层腐烂，只剩下木质部。地上部失水萎蔫，叶柄下垂，终至枯死脱落。也会出现植株矮小，生长不良，叶片由下而上逐渐变黄后干枯，主根变褐色、皱缩、干腐，侧根脱落或侧根少而短，主根像老鼠尾巴一样，只留残存的根组织，农民称之"老鼠尾巴"。潮湿时主茎根部近地面处产生大量不定根，严重时从表现症状至枯死仅需 2～3 天，一般为 7～10 天。没枯死的开花结果少，且多为秕果，严重影响产量。

（2）防控措施 ①农艺措施。因地制宜确定轮作方式、作物搭配和轮作年限，最好是水旱轮作，轻病田隔年轮作，重病田须 3～5 年以上轮作；深翻灭茬；不用病地花生荚果做种；种子剥壳前晒种，剔除变色、霉烂、破损的种子；注意施用腐熟的有机肥；"三沟"配套，防止田间积水。②药剂防治。参照花生茎腐病防治方法。

87. 如何识别和防控花生白绢病？

病害症状 花生白绢病（视频6）多发生在花生生长的中后期，前期发病较少。根、荚果、果柄及茎基部都能感病，地上部的茎、叶一般不感病。

视频6

病菌多从近地面的茎基部和根部侵入，受害组织初期呈暗褐色软腐，不久即长出白色绢丝状的菌丝，覆盖受病部位。环境条件适宜时，菌丝迅速向外蔓延，植株近地面中下部的茎秆以及病株周围的土壤表面，都可长出一层白色绢丝状的菌丝层，故亦称"白脚病"或"棉花脚"。天气干旱时，仅危害花生地下部分，菌丝层不明显。后期在病部菌丝层中形成很多菌核，菌核初期白色，后变黄褐色，最后变黑褐色。菌核大小不一，一般似油菜籽。随着受害病组织的腐烂，水分和养分不能正常运输，造成病株地上部先是叶子变黄，后逐渐枯死。病部腐烂，皮层脱落，仅剩下一丝丝的纤维组织，很容易折断。

初生根和次生根一般感病较轻，偶有感病。果柄较易感病，产生0.5~2厘米长的褐色病斑，最后腐烂断折。荚果和果仁不如茎和果柄感病严重，荚果感病后病部变浅褐色至暗褐色，果仁感病后变皱缩腐烂，病部覆盖灰褐色菌丝层，后期还能形成菌核。病菌在种壳里面和种仁表面生长的时候还能产生草酸，以致在种皮上形成条纹、片状或圆形的蓝黑色彩纹。

防控措施 ①轮作换茬、清除病株残体、适当晚播。白绢病是土传病害，病菌在土壤中存活的时间较长，多与禾本科等作物轮作可显著降低发病率，是防治白绢病的基本措施。花生收获后，及时清除遗留田间的病株残体，集中烧掉或沤粪。及时深耕，将菌核和病株残体翻入土中。山东省播种时间最好在"五一"节之后。②合理施肥，适时化控。氮、磷、钾配施，增施锌、钙肥及生物菌肥，如哈次木霉菌等，既能调节花生植株营养平衡，又可增加土壤中有益微生物，抑制白绢病菌发生，促进花生植株健壮生长，提高抗病能力。当株高达30厘米左右时，及时喷施多效唑等生长抑制剂，防止植株徒长，改善田间小气候。③药剂防治。药土拌种：用种子重量0.25%~0.5%的25%多菌灵WP拌种。淋灌：用40%菌核净WP 1 500倍液，或25%多菌灵WP 500倍液，或50%克菌丹WP 500倍液。茎部喷施：40%菌核净WP 1 200克/公顷，或40%克菌灵WP 1 200克/公顷兑水1 125千克/公顷，于7月下旬至8月上旬喷洒植株茎基部。

88. 如何识别和防控花生果腐病？

病害症状 果壳受侵染后出现淡棕黑色病斑。病斑扩大并连成一片，整个荚果表皮变色，随着病害进一步发展，果壳组织分离，果壳腐烂。腐烂组织的结构和颜色随土壤有机质和土壤因素的变化而不同。烂果的植株地上部分正常。

防控措施 ①农艺措施。选用抗（耐）病品种或无病种子。病田荚果不留种，播种前精选种子；合理轮作，可与小麦、玉米、谷子、甘薯、蔬菜等作物轮作，重病田轮作周期3~5年，一般田1~2年。选择土壤疏松、排水良好的地块起垄种植，浇水时小水润浇，忌大水漫灌；连雨天或大雨之后及时清沟排渍。②药剂防治。播种前，用咯菌腈悬浮种衣剂 6～8 毫升进行种子包衣；或在发病初期，用根腐灵 300 倍液或 50%多菌灵 WP 1 000 倍液或 70%甲基硫菌灵 WP 800～1 000 倍液等喷施或灌根。也可在花生饱果成熟期每公顷施石膏 150～300 千克，直接撒施于结果部位的地面上。

89. 如何识别和防控花生菌核病？

视频 7

病害症状　花生菌核病是花生小菌核病（视频 7）和花生大菌核病（视频 8）的总称，花生大菌核病又称花生菌核茎腐病。花生小菌核病主要危害根部及根颈部，也能危害茎、叶、果柄及果实；花生大菌核病主要危害茎秆，也可危害根、荚果、叶片和花。花生菌核病在中国南北花生产区均有发生，以小菌核病为主。花生菌核病症状特点随田间湿度的不同有所变化。当花生进入花针期，病菌首先危

视频 8

害叶片，顺序一般是自下而上，随病害发展也可危害茎秆、果针等地上部分。若天气干旱，叶片上的病斑呈近圆形，直径 0.5～1.5 厘米，暗褐色，边缘有不清晰的黄褐色晕圈；当雨量多，田间湿度大，高温高湿时，叶片上的病斑为水渍状，呈不规则黑褐色大斑，边缘晕圈不明显，感病叶片干缩卷曲，很快脱落。茎秆上病斑长椭圆或不规则形，稍凹陷，可造成茎秆软腐，轻者烂针、落果，重者全株枯死。

防控措施　①选用抗病品种。抗性较好的有鲁花 11、潍花 6 号、豫花 5 号、青兰 2 号、鲁花 15 等。②封锁初侵染源。花生菌核病初侵染源来自土壤，可通过控制病原基数减轻病害发生。在花生播种时，将除草剂与杀菌剂混合同时喷洒到地面，可实现防病除草双重目的。③农艺措施。主要包括轮作换茬、适度深耕、及时清除病株残体等。④生物防治。叶面喷洒井冈霉素、嘧啶核苷类抗菌素和中生菌素，绿色木霉菌剂和农乐 1 号拌种。拌种和叶面喷洒结合进行比单独使用效果好。叶面喷洒注意避开强光，尤其是活体微生物制剂，喷在叶片中下部或选择傍晚喷洒效果更佳。⑤药剂防治。用种子重量 0.3%的多菌灵、绿亨 2 号等拌种。

90. 如何识别和防控花生青枯病?

病害症状 花生青枯病系细菌性维管束病害,多发生于花生开花初期,结荚盛期达到高峰。该病病菌从花生根系的伤口或自然孔口入侵。发病初期,植株最初主茎顶梢第一、二片叶首先表现症状,失水软垂凋萎,1~2天后,全株枝叶萎蔫下垂。早晨叶片仍能展开,凋萎叶片还能保持青绿色。剖视病茎和根部,输导组织深褐色。用手挤压茎部,切口处有污白色的菌液流出。发病后期,植株地上部青枯,拔起病株,根部发黑、腐烂,容易拔起。从发病至枯死,快则1~2周,慢则3周以上。病株上的果柄、荚果呈黑褐色湿腐状,结果期发病的植株,症状不如前期明显。

防控措施 ①清除菌源。青枯病是一种典型的土传病害,一旦土壤中带有病菌,彻底根除很困难。但花生收获后,及时清除田间病残体,带出田外集中烧毁,田间病株及早拔除深埋或烧毁等措施对控制病害效果显著。②选用抗病品种。粤油256、粤油92、粤油200、粤油79、粤油114、泉花646、抗青10号和抗青11等对青枯病抗性较好。③合理轮作。对重病区,水源条件较好的地块,实行水旱轮作是控制花生青枯病发生危害的最有效措施。对不能进行水旱轮作的地区,可与青枯病菌的非寄主植物轮作,如玉米、甘薯等轮作,周期2~3年,对减轻病害有明显的效果。④加强栽培管理。增施有机肥,配施磷、钾肥,可提高植株抗病性;对酸性土壤可施用石灰,降低土壤酸度,减轻病害发生;做好田间清沟排水,防止雨后积水。⑤药剂防治。在花生开花至结荚期用85%强氯精500倍液灌根,可有效控制花生青枯病的发展,也可用绿亨1号和绿亨2号等替代。

91. 如何识别和防控花生根结线虫病?

病害症状 花生根结线虫对花生的地下部分(根、荚果、果柄)均能侵入危害。花生播种后,当胚根突破种皮向土壤深处生长时,幼虫即能从根端侵入,使根端逐渐形成纺锤状或不规律形的根结(虫瘿),初呈乳白色,后变淡黄至深黄色,随后从这些根结上长出许多幼嫩的细毛根。这些毛根以及新长的侧根尖端再次被线虫侵染,又形成新的根结。这样经过多次反复侵染，使整个根系形成了乱发似的须根团，根系沾满土粒与砂粒，难以抖落。地上部植株叶片黄化瘦小，叶缘焦灼，直至盛花期植株萎缩、发黄不长。在山东花生生产区，麦收前地上部症状非常明显。到7～8月伏雨来临，病株由黄转绿，稍有生机，但与健株相比，仍较矮小，生长势弱，田间经常出现一簇簇、一片片的病窝。

鉴别这一病害时，要特别注意虫瘿与根瘤的区别。虫瘿长在根端，呈不规则状，表面粗糙，并长有许多小毛根，剖视可见乳白色沙粒状的雌虫；根瘤则长在根的一侧，圆形或椭圆形，表面光滑、不长小毛根，剖视可见肉红色或绿色的根瘤细菌液。此外，花生遭受蛴螬危害或缺肥、重茬，植株亦能表现矮小黄化，但其根系不形成虫瘿，很易与病株区别。

防控措施　①农艺措施。与玉米、小麦、大麦、谷子、高粱等禾本作物或甘薯实行2～3年轮作，轮作年限越长，效果越明显；深翻改土，多施有机肥可减轻病害，特别是增施鸡粪；花生收获时进行深刨可把根上线虫带到地表，通过自然干燥消灭一部分线虫。②生物防治。海洋生物制剂农乐1号15千克/公顷加上物理保护剂无毒高脂膜SC27.5千克/公顷拌种。国外报道，应用淡紫拟青霉菌和厚垣孢子轮枝菌能明显降低花生根结线虫群体、消解其卵。

92. 如何识别和防控花生病毒病？

我国花生病毒病主要有花生条纹病毒病、黄瓜花叶病毒病、矮化病毒病和芽枯病毒病。

（1）病害症状

条纹病毒病　在田间，种传花生病苗通常在出苗后10～15天内出现，叶片表现斑驳、轻斑驳和条纹，长势较健株弱，较矮小，全株叶片均表现症状。受蚜虫传毒感染的花生病株开始在顶端嫩叶上出现清晰的褪绿斑和环斑，随后发展成浅绿色与绿色相间的轻斑驳、斑驳、斑块和沿侧脉出现绿色条纹以及橡树叶状花叶等症状。叶片上症状通常一直保留到植株生长后期。

黄瓜花叶病毒病　种传病苗通常在出苗后即表现黄花叶、花叶症状，病苗矮小。侵染后病株开始在顶端嫩叶上出现褪绿黄斑、叶片卷曲。随后发展为黄绿相间的黄花叶、花叶、网状明脉和绿色条纹等各类症状。通常叶片不变形，病株中度矮化。病株结荚数减少、荚果变小。病害发生后期，有隐症趋势。

矮化病毒病　病株开始在顶端嫩叶出现明脉（侧脉明显变淡、变宽）或褪绿斑，随后发展成浅绿与绿色相间普通花叶症状，沿侧脉出现辐射状绿色小条纹和斑点。叶片变窄、变小，叶缘波状扭曲，病株通常轻度或中度矮化。病害明显影响荚果发育，形成很多小果和畸形果。

芽枯病毒病　病株开始在顶端叶片上出现很多伴有坏死的褪绿黄斑或环斑。沿叶柄和顶端表皮下维管束坏死呈褐色状，并导致顶端叶片和生长点坏死，顶端生长受抑制，节间缩短，植株明显矮化。

（2）防控措施

选用感病和种传率低的品种　花 37、豫花 1 号、海花 1 号等对条纹病毒病有较强的抗性；鲁花 11、鲁花 14 等对黄花叶病毒病表现出较好的抗性。

应用无毒种子　在与毒源隔离 100 米以上可以获得良好防病效果。无毒种子可以由无病地区调入或本地隔离繁殖。

采用农业措施　地膜覆盖具有驱蚜和减轻条纹病毒病的作用。清除田间和周围杂草，减少蚜虫来源并及时防治蚜虫。早期拔除种传病苗，可减少毒源、减轻病害。

病害检疫　我国南方花生产区该病仅零星发生，因此应谨慎从北方病区向南方大规模调种，勿将病毒带到南方。

93. 如何防控花生蚜虫、蓟马？

危害特点　蚜虫俗称蜜虫、腻虫，是花生上一种常发性虫害，危害可贯穿整个生育期。花生自出苗到收获期均可受到蚜虫危害。在花生"顶土"时，花生蚜虫就在幼茎嫩芽上危害；花生出土后，多在顶端心叶及幼嫩的叶背面危害；开花后，危害花萼管、果针。由于花生蚜虫是花生病毒病的主要传毒媒介，所以受害花生植株矮小，叶片卷缩，严重影响开花下针和结果。蚜虫猖獗发生后，排出大量"蜜露"

而引起霉菌寄生，使茎叶发黑，甚至整株枯萎死亡。

蓟马是一种靠植物汁液为生的昆虫。用锉吸式口器穿刺，锉伤花生嫩叶组织，吸食汁液。幼嫩的心叶受害后，叶片变细长，皱缩成"兔耳状"，受害轻的影响生长、开花和受精，重的植株生长停滞，矮小黄弱。

防控措施　蚜虫和蓟马的防控方法基本相同。①清除越冬寄主。秋后及时清除田埂、路边杂草及田内秸秆，将其烧掉或高温发酵或作青贮饲料，减少虫源数量。②物理防治。利用蚜虫有趋黄色的特性，在田间用深黄色调和漆涂抹黄板，板面上摸一层机油（黏剂），一般直径 40 厘米左右，高度 1 米左右，每隔 30～50 米一个，可粘杀蚜虫，也可放置黄皿诱杀。③地膜覆盖栽培。地膜的反光对花生蚜虫有忌避作用，可减轻蚜虫危害，银灰色地膜效果更佳。④药剂防治。生长前期叶面喷施 10％吡虫啉 3 000～4 000 倍液，或 25％噻嗪酮可湿性粉剂 2 000 倍液，或 20％阿维·辛乳油 2 500 倍液，或 3％啶虫脒乳油 3 000～4 000 倍液，可兼治棉铃虫、斜纹夜蛾和甜菜夜蛾等食叶害虫。

94. 如何防控花生棉铃虫？

棉铃虫又名番茄蛀虫，俗称钻心虫、棉桃虫等，是花生上主要地上害虫之一。

发生与危害特点　华北地区，棉铃虫年发生 4 代，长江流域年发生 5～6 代，华南 6～7 代。在山东省，第一代于 5 月中旬至 6 月上旬发生在麦田、豌豆、番茄上；第二代则于 6 月中旬至 7 月初集中在春花生上；第三代在 7 月中旬至 8 月上旬大部分危害套种玉米，一部分危害套种花生；第四代于 8 月下旬至 9 月中旬转移到晚茬玉米，在高粱或晚熟花生上。因此，在花生产区以第二代危害最重，主要危害花生叶片和花朵，影响茎叶生长和开花结实。

防控措施　①农业措施。花生收获后实行冬耕，深耕深翻，消灭越冬蛹；进行冬灌，可以风化土壤，冻死害虫。②物理防治。利用棉铃虫的趋光性，用黑光灯诱杀成虫，把害虫消灭在危害之前。③药物防治。撒毒土：每公顷用 2.5％敌百虫粉 45 千克加细干土 750 千克，拌匀制成毒土撒施在顶叶、嫩叶上；喷雾：在卵孵化盛期之前，用50％辛硫磷乳油 1 000～1 500 倍液，或 5％氟铃脲乳油 1 000 倍液，或 BT 制剂 500～800 倍液，或 1.8％阿维菌素乳油 2 000～3 000 倍液喷雾。

95. 如何防控花生地下害虫？

（1）虫害种类 花生地下害虫种类很多，危害严重的主要有蛴螬、地老虎、金针虫和种蝇等。

蛴螬 蛴螬别名大牙、地蚕、核桃虫等，成虫通称金龟甲或金龟子。花生从播种到收获均会受到蛴螬危害。苗期取食种仁，咬断根茎，造成缺苗断垄；结果后取食针、果和籽仁，造成空壳或烂果。有些种类的成虫取食茎叶，影响光合作用。

地老虎 别名土蚕、地蚕等，其种类多、分布广。危害花生的主要是小地老虎、黄地老虎和大地老虎三种。地老虎能咬断花生嫩茎或幼根，个别钻入荚果内取食籽仁。

金针虫 别名姜虫、铁丝虫等。危害花生的主要有沟金针虫和细胸金针虫两种。幼虫能咬食刚播下的花生种子，使种子不能发芽；出苗后可危害根及茎的地下部分，造成死苗；结荚后可钻食荚果，造成减产。

种蝇 危害花生的种蝇幼虫称根蛆，别名地蛆、种蛆。种蝇的发生一般为花生播种期，幼虫能钻食种子，使种子腐烂，不能发芽；也可钻入幼茎内危害，造成死苗。

（2）防控措施

农业措施 主要包括：水旱轮作和水浇地灭虫；选用抗虫品种；及时中耕除草；冬季深翻冬灌；不施未经腐熟的有机肥料；合理轮作。

药物防治 ①拌种。用50％辛硫磷乳油或 0.05％～0.1％辛硫磷微胶囊剂，拌花生种仁。②撒毒土。在花生生长期，用30％辛毒微胶囊悬浮剂，每公顷有效成分用量 3.5～5 千克，用细沙土 450 千克拌匀，均匀撒施在花生墩周围。③灌根。在花生生长期，用 48％乐斯本、50％辛硫磷等高效低毒农药，加水稀释 800 倍，装入去掉喷头的手动喷雾器内，逐墩灌入花生根部，施药后最好浇一遍水，效果更好。

96. 如何进行花生田化学除草？

我国花生田杂草多达80余种。以禾本科杂草为主，其发生量占花生田杂草总量的60%以上；其次为菊科、苋科、茄科、莎草科、十字花科、大戟科、藜科、马齿苋科等。

化学除草是利用除草剂代替人力或机械进行田间除草的技术。随着科学种田水平的不断提高，花生田化学除草已成为主要除草技术。在通常情况下，化学除草比人工除草可以增产荚果10%以上。每公顷节省工日30～45个。化学除草比较彻底，可以防除人工或机械除草难以铲除的花生株间杂草和植株周围杂草，还可减少病虫害。花生田常用的除草剂，当前多达60余种，主要有金都尔、扑草净、氟乐灵、高效氟吡甲禾灵、盖草能、灭草松等。

地膜覆盖栽培除草可在覆膜前一次性喷施乙草胺、金杜尔等除草剂。露栽花生的化学除草可采取以下技术。

播前土壤处理　每公顷用48%氟乐灵乳油1.2～1.8升兑水600～750千克均匀喷雾土表，并及时浅耙，将药剂混入3厘米左右的土层中，5～7天后进行播种。对马唐、牛筋草、稗草、狗尾草和千金子等1年生禾本科杂草，有很好的防效。田间持效期3个月以上。

播后芽前土壤处理　每公顷用金都尔1 350～1 500毫升兑水750～900千克于花生播后芽前，均匀喷雾土表。可防除马唐、牛筋草、狗尾草等多种1年生禾本科杂草，对藜、马齿苋等阔叶杂草也有一定的防除效果。

苗后茎叶喷雾　于花生2～4叶期禾本科杂草2～5叶期，每公顷用10.8%的高效盖草能乳油300～450毫升，兑水450～600千克，茎叶喷雾。可防除1年生和多年生禾本科杂草。

六、田间管理与收获

97. 花生生育时期是怎样划分的？

　　花生一生分为种子发芽出苗期、幼苗期、开花下针期、结荚期和饱果成熟期五个生育时期。

　　种子发芽出苗期　从播种到50％幼苗出土、第一片真叶展开为种子发芽出苗期。花生种子吸收风干种子重40％～60％的水分，开始萌动，胚根突破种皮，露出3毫米的白尖时为发芽。子叶顶破土面，第一片真叶伸出地面并展开时，称为出苗。

　　幼苗期　从50％种子出苗到50％植株第一朵花开放为幼苗期（苗期）。苗期生长缓慢，主茎高、叶面积、干物质积累增长缓慢。到始花，主要结果枝形成，大批花芽分化，始花后20～30天内陆续开放，都是有效花。主根和1～4次侧根迅速伸长和生成，大量根瘤开始形成。

　　开花下针期　从50％植株开始开花到50％植株出现幼果（子房膨大呈鸡头状）为开花下针期（花针期）。花生根系伸长加粗，主侧根上形成大量有效根瘤，固氮能力增强。全株叶面积增长最快，吸收营养大量增加。花针期开花量占总花量的56％～60％，

形成果针数达总数的 30%～50%，结果数和
饱果率高。此期适宜的日平均气温为 22～
28℃，减弱光照强度会减少开花量、降低受
精率和结实率。

结荚期 从 50%植株出现幼果到 50%
植株出现饱果为结荚期。花生开花量逐渐减
少。大批果针入土发育成幼果和荚果，形成
的荚果数占单株总果数的 60%～70%，甚至
可达 90%以上。因此，结荚期是决定荚果数
量和产量形成的重要时期。

饱果成熟期 从 50%的植株出现饱果到
大多数荚果饱满成熟，称饱果成熟期（饱果
期）。花生营养生长衰退，叶片变黄衰老脱
落，叶面积减少，净光合生产率下降，干物
质积累变慢，根系老化吸收能力降低，根瘤
停止固氮。茎叶中氮磷等营养物质大量向荚果运转，荚果迅速增重，
饱果数和果重明显增加。

98. 如何进行花生清棵蹲苗？

花生清棵是在花生出苗后，将幼苗周围的土向四处扒开，使两片
子叶和子叶叶腋间的侧枝露出土面，以促进幼苗健壮生长，一般可增
产 10%～15%。

清棵使花生基部节间裸露在空气中，能促进第一对侧枝（60%～
70%荚果来自第一对侧枝）健壮发育和花芽分化。清棵的花生主茎和
侧枝基部节间短，茎枝粗壮，生育后期抗倒伏能力强；主根深，侧根
多，根系发达，抗旱能力强；开花量大，结果整齐一致，籽仁饱满。

露栽花生幼苗出全后即可清棵，先用大锄将垄沟垄背浅锄一遍，
随后用小手锄把幼苗周围的土向四周扒开，使两片子叶露出土面暴露
在空气中。清棵的深度以两片子叶露出为准。清棵过浅，子叶露不出
地面，第一对侧枝基部仍埋在土里，起不到清棵作用。过深，将子叶
以下的胚颈扒出，易伤根或造成倒伏，反而不利于幼苗生长。清棵时

不要损伤或碰掉子叶。清棵后蹲苗 15～20 天，提高清棵效果。

地膜覆盖栽培的花生，可采用播种行上方压土的方法取代花生清棵工序。当花生播种覆膜后，在播种行上压一行高 4～5 厘米的土带。当花生幼苗自动穿破地膜露出土带时，及时将土墩撇到垄沟内，幼苗的子叶便会暴露在地膜上方的空气中，从而起到清棵蹲苗的作用。

99. 花生灌溉有几种方式？各有何优缺点？

花生灌溉方式主要有沟灌、膜下滴灌和喷灌三种。

沟灌 北方花生产区采用垄作沟灌，灌水时，水顺垄沟流动，由两侧和沟底浸润。广东、广西等东南沿海花生产区，一般作成高畦，灌溉时，将水放入沟中，待畦中间土壤湿润时，把水排干。该方式优点是操作简单，对技术要求不高，设备物资等投入少。缺点是需水量大，灌溉水的利用率低；灌水不均匀且易造成土壤和肥料的流失；易造成土壤板结，不利于根系呼吸和土壤中养分的运输，可能造成次生盐碱化。

膜下滴灌 花生垄覆膜前或覆膜时同步在垄中央铺设滴灌带，播种覆膜后在田间布设可控管道系统，水由每个滴水孔一滴一滴的慢慢浸润花生根际周围。该方式优点是比沟灌省水 80％ 或以上，且水量可控、节能、浇水方便、可水肥药一体施用；缺点是需要额外投入滴灌带和田间管道系统及布设人工，且投入在使用前，遇上风调雨顺不需要额外灌溉的年份，设备物资人工等的投入没有产出。

喷灌 借助于一套专门设备将具有压力的水喷射到空中，散成水滴降落到花生上，达到灌溉的目的。该方式的优点是比沟灌省水 50％ 或以上，且水量可控，与膜下滴灌相比有不使用就没有相关人工投入；缺点是需要额外投入设备，比滴灌用水多。

100. 花生节水途径有哪些？

花生节水主要有扩大土壤蓄水容量、提高水分利用效率、减少水分损失三条途径。生产上多采用以下措施。

抗旱耕作 花生中低产田多分布在丘陵山区，土层浅，坡度大，采用等高耕作和横坡垄作一般可减少冲刷量 20％ 左右，起到截水蓄水保墒作用。深耕蓄水，花生抗旱能力随土层厚度增加而提高。研究表明，旱薄地花生田增加耕深 15 厘米，每公顷可多蓄水 300 吨左右；同时深耕可以增加渗水速度，从而减少地面径流，增加土壤蓄水。此外，春天适时顶凌耙地，耙后耢平保墒效果好，比只耙不耢的土壤含水量提高 3.5%。

抗旱栽培　具体措施有：①施用有机肥。有机质能增强蓄水保墒能力，提高土壤耕层蓄水量。②选择抗旱品种。非灌溉和干旱条件下抗旱品种的增产幅度为 20%～30%。③地膜覆盖。花生覆膜栽培能有效抑制 80% 以上的土壤水分无效蒸发。④中耕保墒。中耕既能减少地表蒸发，又能减少杂草与花生争夺水分。⑤浇好关键水。花生花针期和结荚期遇旱，及时灌溉供水，可以发挥最大生产潜力，达到节水和提高水分利用效率的目的。⑥化控抗旱。抗旱剂能减少花生蒸腾和农田无效蒸发，保水剂能提高土壤的吸水性能，二者均可用于花生节水栽培。

101. 什么是水肥一体化技术？

水肥一体化是通过一个全程封闭的输水系统，将水肥送到作物根系附近，以满足作物生长发育需要。该技术节水、省肥、增产效果显著，符合当今世界对水资源和资源环保的战略取向，也是我国农业可持续发展的重要支撑技术之一。与传统地面灌溉和施肥方法相比，该技术具有以下优点：①提高水肥利用效率。水肥一体化技术通过输水管道将水、肥直接输送到作物根系最发达、集中的区域，保证了水分、养分被根系快速吸收，减少了无效的田间水量损失和蒸发，同时也减少了肥料挥发、淋洗所造成的养分损失，减少施肥量，使得水肥利用率大大提高，减少肥水投入，提高生产效益。②提高作业效率。肥水一体化技术是管网供水，操作方便，便于自动控制，可实现水、肥同步管理，减少了人工开沟、撒肥等过程，因而可明显节省劳力。③改善微生态环境。水肥一体化技术能降低土壤蒸发量，提高地温，使土壤保持湿润的时间延长，增强微生物活性，有利于土壤养分转化，促进作物对养分的吸收，有利于改善土壤物理性质，克服了畦灌和淋灌可能造成的土壤板结，改善土壤状况。④提高产量。水肥一体化技术能够按照作物不同生育期生长所需的养分和水分适时、适量地供给，使作物生育过程肥水始终处在一个"有求必应"的状态下，发育好，产量高。⑤保护环境。水肥一体化技术可以严格控制灌溉用水量及化肥施用量，防止化肥和农药淋洗造成的土壤和地下水污染，减少对环境的污染。

水肥一体化施肥常用的肥料品种主要有三类：①养分含量适宜的液体肥料。这类肥料品种少，价格高，且运输不便。②水溶性专用固体肥料。这类肥料养分含量高、配比合理、溶解性好，价格也较高。③溶解性好的普通固体肥料。生产中较为普遍。如尿素、碳酸氢铵、氯化铵、硫酸铵、硫酸钾、氯化钾等。

102. 花生水肥一体化栽培的技术要点有哪些？

花生膜下滴灌水肥一体化栽培是一项节水省肥、高产高效生产模式，其技术要点如下。

供水设备选择 花生水肥一体化栽培设备系统主要由首部枢纽、输配水管网、灌水器等部分组成。首部枢纽包括水泵、过滤器、施肥器、控制设备和仪表等。输配水管网是由 PVC 或 PE 等管材组成的干管、支管和毛管系统。灌水器宜采用滴灌带。滴头流量、间距以及滴灌带布设间距是影响滴灌效果的主要因素，应根据土壤质地、花生栽培方式、支管间距等因素合理选取。沙土地选用流量为 2.1～3.2 升/小时、滴孔间距 0.3 米的滴灌带；壤土地选用流量为 1.5～2.1 升/小时、滴孔间距 0.3～0.5 米的滴灌带；黏土地应选用流量为 1.0～1.5 升/小时、滴孔间距 0.4～0.5 米的滴灌带。

滴灌带铺设 采取机械播种；用覆膜播种机一次完成播种、喷施药剂、铺设滴灌带、覆膜等多道工序。起垄幅宽 85 厘米左右，垄面宽 55 厘米左右，垄上种 2 行花生，行距约 35 厘米，播种深度 2～3 厘米。滴灌带铺设在垄上两行花生中间，光滑面向上。

滴水技术 全生育期总滴水量应根据气候特征、土壤保水性、花生产量水平等确定。在降雨量稀少地区，公顷产量 4 500 千克及以上的中高产田，公顷滴水量一般 3 750～4 500 米^3。出苗期、幼苗期、开花至结荚期和饱果成熟期滴水量分别占总量的 3%～6%、11%～

16％、63％～73％和 14％～22％。滴水时间应根据土壤湿度确定。其中出苗期播种层土壤水分以田间最大持水量的 60％～70％为宜，低于40％，种子易落干，造成严重缺苗，超过80％，容易引起烂种，影响全苗；幼苗期适宜的土壤水分为田间最大持水量的 50％～60％，低于40％，花生根系生长受阻，幼苗生长缓慢，影响花芽分化；开花至结荚期土壤水分以田间最大持水量的 60％～70％为宜，开花下针期的后期和结荚期对干旱特别敏感，遇旱应及时滴水；饱果成熟期土壤水分以田间最大持水量的 60％～70％为宜，低于40％或高于70％，严重影响荚果充实，导致花生减产，此时遇旱应小水润滴。全生育期滴水一般 5～7 次。在有一定降雨量的地区，实际滴水量应扣除降雨部分，并根据不同生育期花生对水分的需求进行补水。

施肥种类 水肥一体化栽培所用肥料主要有尿素、硫酸铵、硝酸钙、硝酸铵钙、磷酸一铵、磷酸二氢钾、硫酸钾、硝酸钾等。追肥以钙、磷、钾肥为主，适当控制氮肥。连作土壤，可选用一些腐植酸类肥料和生物肥等，以改善根区土壤微生态环境与微生物区系。

施肥技术 有机肥、微肥（如果需要）一般作基肥。氮、磷、钾、钙化肥及其他肥料可通过滴灌施肥。由于水肥一体化栽培肥料利用率比常规栽培可提高 30％以上，因此，每生产 100 千克荚果一般需施纯 N 1.0～1.5 千克，P_2O_5 0.4～0.5 千克，K_2O 1.5～1.8 千克。氮、磷、钾三种肥料在不同生育期滴施比例大约为：苗期分别占 5％、5％和 7％；花针期分别占 17％、23％和 22％；结荚期分别占 50％、50％和 66％；饱果成熟期分别占 28％、22％和 5％。钙肥用量应根据土壤缺钙程度和钙肥种类确定，如硝酸钙，一般公顷用量为 220～380 千克。滴施时间为结荚期。

103. 什么是化学调控（化控）技术？有何优缺点？

作物化学调控技术是指应用植物生长调节剂，通过影响植物内源激素系统，调节作物的生长发育过程，使其朝着人们预期的方向和程度发展的技术。作物化学调控技术可以提高作物抵抗各种逆境的能力，提高产量，改善品质，增加生产效益。其优缺点主要表现在以下几个方面。

应用范围广 化控技术几乎包含了种植业中的所有高等和低等植物，如作物、瓜果、蔬菜、花卉等。通过调控植物的生理过程进而控制植物的生长和发育，改善植物与环境的互作关系，增强作物的抗逆能力，提高产量，改善品质，是农业高效生产不可或缺的一项技术措施。

易于大规模应用 植物生长调节剂合成容易，价格低，效果好，易于大规模用于农业生产。在常规农业措施中是一项产投比较高的技术。

效率高 化控技术所用调节剂用量小，有的甚至不到百万分之一，就能对植物的生长、发育和代谢起重要的调节作用。一些栽培技术措施难以解决的问题，能通过使用植物生长调节剂得到解决。

安全系数高 调节剂残毒少，对高等动物（包括人）毒性低。目前我国允许使用的植物生长调节剂，多数是低毒品种，仅少数是中毒，没有高毒品种，使用时比较安全；同时，由于其使用微量，残留量较低，对农产品和环境影响也小。是一项安全风险系数低的生产技术。

使用方便、见效快 调节剂使用形式多样，可叶面喷施、拌（浸）种、蘸根等，使用方便。对植物的调控起效时间短，一般4～7天便可见到效果，比化肥等见效快。

针对性强 可解决一些其他手段难以解决的问题，如形成无籽果实、控制株型、促进插条生根、果实成熟和着色、抑制腋芽生长、促进棉叶脱落等。

使用效果影响因素多 该技术的缺点是生长调节剂的使用效果受多种因素的影响，如气候条件、施药时间、用药量、施药方法、施药部位等。施用不当会给植物生育带来一定的不利影响，达不到预期效果或由此带来的副作用不是人们所期望的。如多效唑易引起花生植株早衰，生长抑制剂过量会导致花生荚果变小而减产等。

104. 什么是植物激素？花生常用植物激素有哪些？

植物激素是植物体内合成的对植物生长发育有显著作用的几类微量有机物质。它们在植物体内部分器官合成后转移到其他植物器官，能影响生长和分化。在个体发育中，不论是种子发芽、营养生长、繁殖器官形成以至整个成熟过程，主要由激素控制。在种子休眠时，代谢活动大大降低，也是由激素控制的。花生常用激素主要有赤霉素和芸薹素内酯。

赤霉素 又叫赤霉酸、九二〇，由赤霉菌中提取。常用剂型为20％的可溶性粉剂。能促进花生茎叶生长，增加分枝数和开花量，提高高节位果针入土率、结实率和饱果率，增加荚果产量。叶面喷施一般1～2次，分别在始花期和盛花期，每公顷用量300～450克，兑水600～750千克。忌与碱性农药混合施用。

芸薹素内酯 常用剂型为有效成分0.01％可溶液。能提高根系活力，增加叶绿素含量，提高光合作用，促进植株生长，增加果数和饱果率，提高产量。对人畜无害，正常使用剂量安全有效。全生育期一般喷施1～2次，始花期和盛花期。喷施浓度为2 500～5 000倍液，公顷药液用量600～750千克。

105. 什么是植物生长调节剂？花生常用植物生长调节剂有哪些？

植物生长调节剂是人工合成的，具有和天然植物激素相似作用的有机化合物。按照功能可将植物生长调节剂分为生长抑制剂和生长促进剂。前者主要用于中高产田，后者主要用于低产田。花生常用植物生长调节剂主要有以下几种。

(1) 植物生长抑制剂

多效唑（PP_{333}） 国内生产的多为含有效成分为15％的可湿性粉剂，常温下有效期可达5年。能抑制花生地上部茎秆纵向伸长，促进横向生长，使叶片增厚，叶色浓绿。可湿性粉剂每公顷用量450～600克，兑水600～750千克，叶面喷施。多效唑控旺效果好、药效时间长、价格低、效果稳定，是花生化控防徒长应用最多的抑制剂。使用中应注意用量准确，过大会影响花生荚果发育，使果型变小，果壳增厚，加重叶部病害发生，叶片枯死、脱落，引起植株早衰。多效唑化学性质稳定，在土壤中半衰期长，残留量较大，若连年使用会增加土壤含量，对花生种子萌发和幼苗生长产生不利影响。因此，该剂不适合长期连续使用。

烯效唑（S-3307） 也叫特效唑，作用与多效唑类似，但药效强于多效唑。具有缩短节间、矮化植株、防止倒伏、提高叶绿素含量等作用。国内生产的多为含有效成分为 5％的可湿性粉剂，常温下有效期可达 2 年。可湿性粉剂用量与多效唑相同。烯效唑在植物体内和土壤中降解较快，基本无残留，是取代多效唑的理想产品。

甲哌鎓 又叫缩节胺、助壮素等。商品有固体和液体两种剂型。固体为含有效成分≥97％的结晶体，液体为含有效成分 25％的水剂。固体易溶于水，在酸性水溶液中稳定，易潮解，潮解后不变质，常温下可保存 2 年。能提高根系活力，抑制茎叶生长，促进开花及生殖器官发育，提高产量。每公顷用 90～120 克粉剂或 20～30 毫升液体，兑水 600～750 千克，叶面喷施。甲哌鎓在土壤中降解很快，半衰期只有 10～15 天，无土壤残留。相对多效唑和烯效唑来说，它药性比较温和、无刺激性，具有更高的安全性，基本在花生各个时期都可以施用，基本没有不良副作用，也不容易出现药害，是目前最安全的植物生长抑制剂。甲哌鎓适用期广，但它药效短、药效弱，控旺效果相对要差一些，尤其对于那些生长过旺的田块，需要使用多次才能达到理想效果。适合"提早、减量、分次"化控技术。

矮壮素 能抑制作物细胞伸长，但不抑制细胞分裂，能使植株变矮，秆茎变粗，叶色变绿，防止植株徒长倒伏。其控制生长的效果和药的残留期小于烯效唑和多效唑，大于甲哌鎓。国内应用多为 50％的水剂，常规使用浓度为 1 000～5 000 倍液。具体倍数应视花生群体长势、肥水条件灵活掌握。注意不能与碱性物质混配。

（2）植物生长促进剂

ABT 生根粉 可提高植物体内生长素的含量，增强种子活力，促进根系生长，提高根系活力，改善叶片生理功能，延缓叶片衰老，可促进花生开花结实，提高饱果率和荚果产量。花生常用的是 ABT 生根粉 4 号，白色粉末，难溶于水，易溶入乙醇（酒精），易光解，光解后颜色变红，活性降低。长期保存应置于避光且低温条件下。生根粉一般用于浸种，也可用于叶面喷施。浸种和叶面喷施适宜浓度均为 10～15 毫克/千克。叶面喷施一般在花针期至结荚初期进行。使用时先将药粉溶入少量酒精，再加水稀释至所需浓度。生根粉无毒、无残留，施用安全。

三十烷醇 又叫蜂蜜醇。农用剂型为0.1％乳剂。浸种或叶面喷施均可。浸种可促进花生种子发芽，出苗快而齐，花芽分化集中，增加有效花量，提高结实率和饱果率。叶面喷施能促进植株碳氮代谢，增加叶绿素含量，提高光合强度，增加干物质积累，提高荚果产量。浸种浓度为0.5毫克/千克，叶面喷施浓度为0.5～1.0毫克/千克，喷施时期为生育中前期，即盛花期以前，喷施次数1～2次。下针期以后喷施，能促使茎枝徒长，对荚果的形成不利。

复硝酚钠 商品用含量为98％的粉剂。可提高花生叶片叶绿素含量和光合作用，促进植株生长发育，增加单株果数和饱果率，提高荚果产量。叶面喷施适宜浓度为60毫克/千克，苗期和盛花期各喷一次。

106. 传统的化控技术有何缺点？为什么禁用"B₉"？

传统化控存在以下不足。一是当株高达到一定高度时，一次性喷施生长抑制剂，药量偏大，药劲猛。这种化控方式当时看抑制徒长效果显著，但往往容易打乱花生正常生育节奏，导致生育后期病害重、落叶早、落叶多，植株整体出现早衰现象。二是使用时间偏晚，传统防徒长方式一般是株高达到40厘米时进行化控，收获时株高一般都在45厘米以上。正常情况下，花生适宜的经济系数为0.5～0.6，低于0.5表明营养体偏高，而营养体过大，对水肥是一种浪费。公顷产量7 500千克以上高产田，上述指标是合适的，但对于公顷产量6 000千克以下的中产田和低产田，此高度指标明显偏高，是一种不经济的生产方式。

B_9（丁酰肼）是一种植物生长抑制剂，我国自20世纪70年代开始在花生上应用，是花生化控应用最早的抑制剂，其控制地上部营养生长，防止徒长和倒伏效果显著。曾经是花生化控的首选药剂。1989年，美国经动物实验，发现丁酰肼能引起哺乳动物肿瘤，为此美国政府决定在所有食用植物上禁用。我国于2003年开始在花生等食用作物上禁用丁酰肼。

107. 多效唑有何优缺点？如何克服多效唑的"副作用"？

多效唑是一种高效植物生长延缓剂，在花生生产上得到广泛应用。优点：一是抑制徒长效果好且稳定；二是价格低，且用量少，投产比高；三是化学性质稳定，常温下有效期可达 5 年，一般不会出现因成分分解降低使用效果，甚至失效的现象。缺点：一是易诱发花生叶部病害加重，尤其是锈病，导致生育后期落叶早、落叶重，植株早衰，过量使用时会加重早衰，甚至导致减产；二是由于化学性质稳定，在土壤中半衰期长，残留量较大，若连年使用会增加土壤含量，造成土壤污染，不仅对花生或后茬作物种子萌发和幼苗生长产生不利影响，同时对土壤生态系统产生潜在威胁。

减轻或克服多效唑副作用可采取的措施：①用量准确。要减轻多效唑副作用，首先要严格按照推荐用量使用，不能随意加大用量。用量准确也是提高应用效果的保障。②改变使用方法。使用次数由常规 1 次重控改为 2～3 次缓控，每次用量为常规用量的 1/3～2/3，间隔 7～10 天，可明显减轻早衰问题。③与杀菌剂混用。与防治叶部病害的杀菌剂联用，既可防徒长，又可控制叶部病害的发生，缓解由叶部病害加重引起的植株早衰。④避免连年使用。对于连作田，年度间多效唑要与其他生长抑制剂交替使用，避免由土壤污染对花生及土壤生物造成的不利影响。

108. 复配生长抑制剂有何优缺点？市面上常用的有哪些？

每一种生长抑制剂都有各自的优缺点，复配生长抑制剂可以弥补单一生长抑制剂在某个方面的不足，使制剂更安全、高效、经济，且没有明显的缺陷。如多效唑，抑制徒长效果好，价格便宜，但易引起花生植株早衰，且残效期长，宜在土壤中累积残留，造成土壤污染；烯效唑在植物体内和土壤中降解较快，基本无残留，但价格较高；将二者以适当比例复配后，在保持防徒长功效稳定的前提下，比多效唑引起植株早衰的副作用和对土壤污染的风险大大降低，比烯效唑的价格便宜了。实现了一举多利。复配剂的缺点是复配剂中各种成分搭配及其比例需要试验确定，不能盲目复配。

植物生长复配抑制剂的剂型较多，花生上应用较多的主要有下面几种。

矮壮·多效唑　由多效唑（6%）和矮壮素（24%）两种生长抑

制剂复配而成，为有效成分 30％悬浮剂。抑制植株生长效果好，残留低。常规公顷用量 600～750 毫升，兑水 600～750 千克。

多唑·甲哌鎓 由多效唑（2.5％）和甲哌鎓（7.5％）两种生长抑制剂复配而成，为 10％的可湿性粉剂。控制营养生长和增产效果显著。常规公顷用量 1 950～2 400 克，兑水 600～750 千克。

壮饱安 是一种含有多效唑成分的复合剂，常温下可保存 5 年，作用与多效唑相似。用量一般每公顷 300 克左右，兑水 600～750 千克，叶面喷施。尽管壮饱安含多效唑成分，但含量很低，在土壤中的残留量不会对后茬作物产生不良影响。

PBO 是一种含有植物生长抑制剂的生长延缓复配剂。由多种化学成分组成，对花生防徒长及提高植株抗旱、抗病能力均有一定效果。应用时将药剂稀释 300 倍左右，每公顷喷 600～750 千克药液。

109. 什么样的地块需要化学调控？化学调控应注意哪些问题？

化学调控的目的是使花生植株生育达到人们期望的状态。当植株生育表现达不到这一状态时，可用植物生长调节剂进行调控。一般说来，植株发育差的地块，多发生在旱薄地、连作田或遭遇不良气候（如长期干旱等），需要通过植物生长促进剂加快植株生育速度；高产田或遭遇连续阴雨天气，植株有徒长趋势的，可用植物生长抑制剂减缓地上部生长速度，实现控上促下，防倒增产。

化学调控应注意以下问题。

用量准确 植物生长调节剂的特点是用量少，作用大。因此在应用时，要严格按说明书推荐用量进行稀释和喷施。用量过少，效果差，用量过大，会产生药害。例如生长抑制剂过量施用会导致荚果变小、果壳变硬，或引起植株早衰而减产。使用时要求喷雾均匀。

注意用药时间 选择适宜的施用时期，才能取得满意效果。生长促进剂一般在中前期，即苗期或花针期，结荚期或以后施用往往效果不佳；生长抑制剂一般在盛花期以后、株高达到 30～35 厘米时施用，过早对开花不利，过晚效果不佳，甚至无效。喷施次数因不同调节剂种类和田间植株调控效果而定，促进剂一般 1～2 次，抑制剂 1～3 次。

可与其他叶面喷施剂混配　为提高化学调控效果和减少田间作业次数，生长调节剂可与叶面肥或农药混配施用。例如，植物生长促进剂可与钼、硼等微肥或杀虫杀菌剂混用，有利于植株健康生长，促进效果好于单用植物生长促进剂。生长抑制剂与杀菌剂混用，在防止植株徒长同时，可减轻由抑制剂副作用引起的植株早衰。

其他注意事项　喷药时，穿长衣长裤，戴手套、口罩，不能饮食、吸烟等。喷药完成后，洗净手脸。清洗器具的废水，不能排入池塘、河流等水源。废弃物要妥善处理，不可他用。应选阴天或晴日下午 4 时以后喷药，喷药后 6 小时内遇雨，应再找时间补喷。

110. 化学调控的发展趋势是什么？

复配或混配　复配包括生长调节剂间、调节剂与农药、调节剂与肥料等。生长调节剂间进行复配是目前应用较多的一种方式，可达到不同调节剂间"取长补短"的效果。如生长抑制剂多效唑药性"猛"，控制生长效果好，但易产生副作用（引起植株早衰和易残留等），而甲哌鎓药性"温和"，抑制生长效果弱，残效期短，安全性高，将二者复配而成的多唑·甲哌鎓，药性适中，安全性显著提高，副作用大大降低。综合评价，复配剂的使用效果明显优于单一制剂。生长抑制剂与杀菌剂复配或混配也有明显的优势，可以实现防徒长与控病害同步，减轻由抑制剂引起花生早衰的问题，进一步提高化控效果。尤其是生长抑制剂与具有一定抑制生长功能的杀菌剂复配，可进一步减少生长抑制剂的用量，达到减量不减效。生长调节剂，尤其是生长促进剂与肥料复配或混配，既可补充营养，又可促进生长，会产生叠加促进效应，比二者任意一个单用效果要好。

因产定高　不同产量水平对地上部冠层大小要求也不同，地上部群体过大，消耗养分和水分也多，不仅对产量形成不利，而且造成不必要的肥水浪费，增加生产成本。因此，不同产量水平经济生产收获时对株高也有不同要求，一般说来，公顷产量 4 500 千克、6 000 千克、7 500 千克及以上的花生，收获时适宜株高分别为 30～35 厘米、35～40 厘米和 40～45 厘米，化控的起始高度分别为 25～30 厘米、30～35 厘米和 35～40 厘米。

减量增次　长期以来，花生化控多采用一次解决问题，这种化控用药量大，由此带来的副作用（植株早衰）也大，是影响花生化控增产效果最主要因素之一。改一次重控为分次减量缓控，可有效减轻常规化控的副作用，是未来花生化控发展方向。

111. 花生田间管理有哪些共性关键技术？

前期管理　前期指花生出苗至开花的一段时间（称苗期，一般持续 20～30 天）。田间管理重点：一是查苗补苗。当花生基本齐苗时，及时检查缺苗情况，对缺穴地方要及时补种，补苗的种子要先浸种催芽，补种时浇少量水。二是防治蚜虫。没有采用药剂拌种的地块，若发现蚜虫、蓟马危害，要及时叶面喷施 10％吡虫啉可湿性粉剂 2 000～3 000 倍液。防止病毒病传播蔓延。

中期田间管理　中期指花生始花至结荚末期（一般持续 60～70 天），田间管理的重点：一是及时防治病虫害。病害主要包括叶部病害、疮痂病、茎腐病、白绢病、根结线虫病等；地上害虫主要有棉铃虫、斜纹夜蛾等；地下害虫主要有蛴螬、金针虫等。二是当花生主茎高度达到 30～35 厘米时，及时化控，防止花生徒长倒伏。三是当植株叶片中午前后出现萎蔫时，应及时浇水。另外，若植株顶叶出现黄白叶片，可叶面喷施 0.2％硫酸亚铁水溶液进行防治，连喷 2～3 次，间隔 7～10 天。

后期田间管理　后期管理指从结荚末期到收获的一段时间（一般持续 25～30 天）。田间管理的重点：一是根外追肥。进入饱果期后，应叶面喷施磷酸二氢钾（2～3 千克/公顷）或富含氮、磷、钾等元素的高效复合叶面肥 1～2 次，间隔 7～10 天，以延长花生顶叶功能期。二是遇到干旱时，要及时小水润浇，以养根保叶，增加荚果饱满度；遇涝应及时排水，防止烂果。三是当花生达到生理成熟时，要及时收获，确保丰产丰收。收获后要及时晾晒，晾晒过程尽量不要堆捂，直至含水量降到 10％以下。及时入库，妥善保管。

112. 什么是花生"一拌三喷"多防轻简高效田间管理技术？

"一拌"指播种前种子用杀虫剂、杀菌剂混合拌种，防治地下害虫、地上蚜虫及根（茎）腐病等。"三喷"指根据花生不同生育期植株长相，将叶面肥、杀虫剂、杀菌剂及生长调节剂优化组合，全生育期喷施 3 次，有效解决营养保健、防病虫、防徒长、防早衰等一系列问题，在确保花生正常生育的前提下，将田间管理次数减半。表 2 为山东春花生"三喷"多防的实例。

表 2　春花生"三喷"多防配套技术

喷施时期	产量水平	主体药/肥	配套药
花针期（约 7 月上旬）	高产田	苯甲·丙环唑 225～300 毫升/公顷＋硼钼等叶面复合微肥	如有虫害，加兑吡虫啉、辛硫磷等杀虫剂
	一般田	苯甲·丙环唑 150～225 毫升/公顷＋硼钼等叶面复合微肥	
结荚中期（约 7 月下旬）	高产田	(1) 株高≥35 厘米：烯唑醇 90 克/公顷 (2) 株高<35 厘米：烯唑醇 45 克/公顷＋百泰	如有虫害，加兑吡虫啉、辛硫磷等杀虫剂
	一般田	(1) 株高≥30 厘米：苯甲·丙环唑 300 毫升/公顷 (2) 株高<30 厘米：苯甲·丙环唑 150 毫升/公顷＋百泰	
饱果初期（约 8 月中旬）	高产田	苯甲·丙环唑 150 毫升/公顷＋百泰＋氮磷钾等复合叶面肥	如果株高超过 40 厘米，苯甲·丙环唑用量加倍，或加兑 5% 烯效唑 200～250 克/公顷
	一般田	苯甲·丙环唑 150 毫升/公顷＋百泰＋氮磷钾等复合叶面肥	如果株高超过 35 厘米，苯甲·丙环唑用量加倍，或加兑 5% 烯效唑 200～250 克/公顷

　　注：高产田公顷产量>6 000 千克；一般田公顷产量 4 500～6 000 千克。百泰、杀虫剂及叶面肥为常规用量。

113. 什么是"提早、减量、分次"化控新技术？有何优缺点？

　　该技术是近年来研发的一项花生化控新技术，其技术要点是：①将常规化控的起始株高 40～45 厘米提前至 30～35 厘米，并将常规的一次化控改为分次化控，一般 2～3 次。②每次用量为常规用量的 1/3～2/3，或使用药性"温和"的生长抑制剂，如甲哌鎓，或具有抑制植株生长功能的杀菌剂，如烯唑醇或苯甲·丙环唑等，间隔 7～10

天。如果前 2 次喷施后株高仍达到 40 厘米以上，最后 1 次用抑制功能较强的生长抑制剂，如烯效唑等，用量为常规用量的 2/3～3/4。该化控技术的优点是克服了常规化控引起的生育后期病害重、植株早衰的问题，有效地解决了防徒长与早衰的矛盾，增加了生育后期光合能力，饱果率进一步提高。一般比常规化控技术增产 8%～10%。缺点是喷药次数和人工费增加了。

114. 如何提高花生单株果数和饱果率？

果数和饱果率决定花生产量，争取果多果饱是花生高产栽培的基本目标。生产中可采取以下措施。

清棵蹲苗 覆膜花生当幼苗露出土墩时，及时将膜孔上的土撇到垄沟内，起到清棵蹲苗的作用，促进花芽分化。在花生四叶期至始花，及时抠出压埋在地膜下面的侧枝，释放第一对侧枝，提高结实率。露栽花生出苗后，将幼苗周围的土向四处扒开，使两片子叶和子叶叶腋间的侧枝露出土面。

浇关键水 一是浇好盛花水，确保足够果针入土，为增加结果数奠定基础。二是浇好结荚水，确保荚果正常发育。

中耕培土 夏直播花生、麦套花生在封垄前，结合中耕，穿沟培土，迎接高节位果针入土结实，增加结果数。

及时化控防徒长 当主茎高达到 30～35 厘米时，及时化控，加快籽仁充实速度。

防止生育后期早衰 一是根外追肥。进入饱果期后，应叶面喷施叶面肥 1～2 次，间隔 7～10 天，延长花生顶部叶片功能期。二是遇到持续干旱时，及时小水润浇饱果水，以养根护叶，增加荚果饱满度；遇涝应及时排水，防止烂果。

115. 如何防止花生荚果出现空壳现象？

近年来，花生荚果空壳或籽仁瘪小的现象陡增。以山东为例，2014 年以来，东部沿海地区近 20% 的花生田荚果空、瘪率较以往增加 30%～50%，鲁西、鲁南有 5%～10% 的地块，空、瘪率增加 15%～25%，一般减产 10%～20%，严重地块甚至绝产，已成为影响花生产量的主要因素之一。控制花生空壳现象，可采取以下措施。

选择适宜品种　花生品种对耐空瘪具有一定差异，一般说来，小果好于中果，中果好于大果。生产实践表明，花育 32、湘花 2008 等抗空、瘪能力较强。

增施钙硼肥　土壤缺硼会造成花生出现大量子叶内面凹陷的"空心"籽仁，缺钙会造成花生出现籽仁瘪小，严重时直接为空壳。增施钙硼肥是缓解花生空瘪的有效措施。施钙应根据土壤酸碱度不同选用不同种类的钙肥，酸性和中性土壤易选石灰、钙镁磷肥等生理碱性肥料，碱性土壤易选过磷酸钙等生理酸性肥料。钙肥一般作基肥。硼肥主要有硼砂和硼酸，可作基肥、叶面喷施和拌种。

合理灌溉　花生空壳与产量形成期的土壤水分状况有直接关系，干旱会加重空壳现象的发生。我国花生产区降雨量一般难以满足花生正常生长发育的需要，尤其是荚果充实的生育后期，降雨量往往不足，也是造成花生空壳的主要原因之一。改善水利条件，在荚果充实期遇旱及时灌溉，可以有效降低空壳率的发生。

改良土壤　旱薄地常因土壤缺水而出现空壳，酸化土壤也常因为缺钙而出现空壳。对旱薄地进行深耕、增施有机肥等措施，可增加土壤蓄水保肥能力，提高花生抗旱性；酸化土壤可通过秸秆还田、增施钙肥和土壤调理剂等措施，改善土壤理化状况和养分状况，进而降低空壳率。

116. 如何防止花生后期早衰？

选用适宜品种　不同品种生育后期落叶速率存在较大差异，选用生育后期落叶少的品种，生产上也称为"持绿型"品种，可减轻生育后期的早衰。

合理施肥　一是增施有机肥。有机肥肥效持久，对缓解花生生育后期因脱肥早衰效果显著。二是配方施肥，适当控制氮肥用量。三是用缓控释肥取代部分普通氮肥。

注意防治叶部病害　叶部病害是花生过早落叶的主要原因之一，及时防治叶部病害，有利于延长叶片功能期，延缓衰老。

喷施叶面肥　叶面肥是改善植株营养状况、维持叶片活力和寿命的有效措施，尤其是在土壤逆境条件下，如旱薄地、连作田，效果更为明显。

合理化控 一是避免花生中期徒长倒伏。二是化控应尽量采用"提早、增次、减量"缓控花生徒长技术，避免常规一次性化控对植株带来的伤害。另外，多效唑易引起花生早衰，可用烯效唑或壮饱安等代替多效唑。

饱果期注意养根护叶 饱果期遭遇逆境易加速植株衰老，此期遇旱要及时小水灌溉。

117. 花生烂果原因有哪些？如何预防？

(1) 花生烂果原因

渍害 花生生长后期，如果遇到多雨年份，平原地若排水不良，花生根系和荚果长时间处于潮湿环境，易出现因缺氧而造成的沤根和烂果现象。

病虫危害 在花生荚果膨大和充实期，如果遭受蛴螬、金针虫等地下害虫的蚕食，易造成荚果因病菌感染而出现腐烂现象。某些病害可引起荚果腐烂，其中果腐病危害最大，发病后直接造成烂果，其他病害，如根腐病、白绢病等发病严重时，也可导致花生烂果。

施肥不当 当化肥施用过度集中时，由于局部肥料浓度过高引起烂果，例如某些地方为图省事，将全部氮磷钾化肥在播种时通过联合播种机的施肥器一次性条施在垄中间，由于垄中间化肥浓度过高引起荚果腐烂。另外，当结实层钾和钙的浓度同时处于较高水平时，由于二者的拮抗作用，也易造成烂果。

土壤钙胁迫 土壤缺钙时，会导致荚果因果皮钙化不足而烂果。另外，土壤缺钙还会引起和加重果腐病的发生。

早衰 植株早衰会引起茎枯、叶落，荚果会因失去营养支持丧失生活力，失活的荚果易遭到菌类侵染而腐烂。另外，收获过晚也易造成烂果。

(2) 解决方法

采用抗逆性强的品种 选用耐涝或抗病品种是预防烂果经济而有效的途径。目前耐涝品种主要有豫花 15、湘花 2008、中花 8 号、泉花8号等。抗病性主要是一些土传病害，如果腐病、立枯病、根腐病、茎腐病等。

避免田间积水 多雨年份防止田间长时间积水是减轻花生烂果有效措施。垄作有利于田间排水，避免由渍害引起的烂果。北方地膜覆盖一垄两行种植平原地垄高达到10～12厘米，南方分厢种植一厢4行或以上的，厢高达到20厘米左右。另外，田边地头要挖好排水沟，并与垄沟相连，遇涝时可及时排出田间积水。

实行轮作 连作会加重花生病虫危害，增加烂果风险。所以花生最好与禾本科等作物实行周期为2年或以上的轮作，周期越长，效果越好。

加强病虫害防控 虫害主要是地下害虫。病害主要是果腐病、白绢病、根腐病等土传病害。具体防控方法见病虫害防控部分。

科学施肥 一要注意氮磷钾化肥施用不能太集中，机播带肥量不能超过总量的1/3。其余部分于耕地前或旋耕前撒施。二要注意补施钙肥。钙肥施在0～10厘米的结实层，钾肥要尽量施在0～30厘米的耕作层，降低结实层钾肥浓度，避免两种肥料产生拮抗作用引起烂果。

注意防早衰 花生要高产，应做到前期不旺长，中期不徒长，后期不早衰。生育后期要通过增施叶面肥、防治叶部病害、旱浇涝排等措施防止后期早衰。另外，花生成熟后要及时收获。

118. 花生为什么要适期收获？如何判断花生是否成熟？

花生收获早晚对产量和品质影响很大，收获过早，荚果尚未成熟，籽仁充实度差，种子不饱满，秕果多，出仁率低，含油量下降，产量低，品质差；收获过晚，植株老熟，果柄干枯霉烂，过熟果（伏果）多，收获时易落果，造成减产。特别是早熟品种，休眠期短，收获过晚，荚果会发芽变质。

判断花生收获适期的方法主要有以下两种。

植株茎叶 成熟期的植株，顶端生长点停止生长，顶部2～3片复叶明显变小，茎叶颜色由绿转黄，中、下部叶片逐渐枯黄脱落，小叶柄基部叶枕的睡眠运动减弱，叶片的感夜运动基本消失。植株制造和积累的养分已经大量运入荚果，植株生机衰退，呈衰老状态。有时田间花生在叶部病害（叶斑病、锈病）危害比较严重的情况下，虽然未达到生理成熟期，植株也表现出生机衰退、叶片枯黄脱落现象。有的品种即使大部分荚果已充分成熟，茎叶仍保持青绿，这类品种可称为"常绿型"品种。一般情况下，除"常绿型"品种外，主茎还剩3～5片复叶，可作为花生地上收获的基本依据。

饱果率 珍珠豆型品种饱果率达到75%，中间型中熟品种饱果率达到65%以上，可作为花生收获的地下标准。

119. 花生机械收获分几种？各有何优缺点？目前收获机械主要有哪些机型？

花生机械收获主要分联合收获和分段收获两种方式。

联合收获 用一台机具一次性完成花生挖掘、抖土、摘果、清选等工序。现推广的花生联合收获机多为半喂入式收获机，要求总损失率低于3.5%，破损率1%以下，未摘净率1%以下，裂荚率1.5%以下，含杂率3%以下。目前应用的机型较多，如青岛弘盛4HB-2A型花生联合收获机，临沭东泰秋天忙牌4HBL-2型花生联合收获机，江苏宇成4BHL-2型半喂入花生联合收获机，常林4HZ-2型花生联合收获机等，在适宜的条件下作业质量基本可达到机械化收获的要求。

联合收获机的优点是省工省时，在偏沙性的平原地、土壤墒情较为适宜、植株形态（主要是株高）和熟期合适的情况下，作业质量可达到较高的水平。缺点是对土壤适应性差，落果率偏高，荚果杂质多，破碎率高等。另外，联合收获机一般体积大，与花生大部分种在交通不便的丘陵薄地不匹配，且联合收获机价格高，维修成本也大。

分段收获 分段收获是先用挖掘机将花生挖掘收获，然后用摘果机摘果。分段收获的优点是挖掘收获机体积小，对交通道路的要求相对宽泛，适应性更广，更重要的是对植株形态和土壤理化性质要求比联合收获机相对宽松，更易保证收获质量。另外，单独摘果机的摘果效果一般好于联合收获机的摘果效果。缺点是需要分段进行。该方式是目前我国花生主要的收获方式。

目前推广的花生挖掘收获机较为成熟，如，潍坊大众 4H‐800 花生收获机，青岛明鸿 4HT‐2 型花生条铺收获机，万农达 4H‐2A 型花生收获机。一般可以一次性完成花生挖掘、抖土并条铺于田间。然后人工完成捡拾，运送到晒场晾晒，待花生荚果脱水至适宜水分后，再用摘果机进行摘果，也可先摘果（鲜株摘果）后晾晒。花生机械挖掘收获要求总损失率低于 5%，埋果率 2% 以下，破碎果率 1% 以下，含土率 2% 以下；摘果机械要求摘净率 98% 以上，杂质率 2% 以下，破损率 3% 以下。

120. 花生机械收获存在什么问题？如何提高花生收获质量？

目前，花生机械收获主要存在以下问题。

收获机的质量不高　目前国内生产花生收获机械的多数是小型企业，中型的都很少，这些企业技术力量和设备水平一般，所用材料质量差，生产的机械精密度和耐用性差。导致机械对土壤适应性差，特别是联合收获机，作业质量不高，主要表现在机械易被阻塞、落果多、收获的果中杂质多、破碎率高等。

生产条件差　花生属于抗旱耐瘠作物，相当一部分花生田分布在山岭薄地，种植零散，面积小，交通不便。收获机一般体积较大，特别是联合收获机，无法进地。

农机、农艺脱节　机械作业质量好坏与农艺配套的程度有很大关系。品种属性、种植规格等直接影响机械化作业质量。机械化收获要求花生：一要果柄坚硬，收获时不易落果；二要适当延长生育期，春播花生生育期以 140～150 天为宜，生育后期不早衰，收获时基本保持"青枝绿叶"。这样的品种种子休眠期和易收期长，可以给机械作业留出足够的时间，因为机械作业质量与土壤湿度有关，在适宜的湿度范围内作业可达到理想的效果。目前我国所种植的都是生育期较短的直立型品种，这类品种易收期短，一般只有 4～5 天。收获早，成熟度差；收获稍晚，植株枯衰，果柄腐烂，荚果脱落，极大影响作业质量。花生垄距不规范，大于 90 厘米或小于 80 厘米的，垄上两行花生间距过小，不足 25 厘米。

要提高花生收获质量，应注意做好以下几点。

提高收获机质量　一要引导大、中型企业参与花生机械研发与生产，二要选用高质量的材质生产机械。

创造适于机械收获的生产条件　土壤湿度是影响花生机械收获质量的重要因素。在花生收获期将土壤湿度调至有利于机械收获的范围是提高收获质量主要措施之一。适于机械收获的土壤含水率为 10% ～ 18%，即手搓土壤较为松散时适合机械作业。要做到这一点，一要兴修水利，改善农田灌溉条件，饱果期遇旱要小水润浇，为机械收获创造适宜的土壤墒情；二要实现农田三沟配套，遇涝能及时排水。另外，对早熟品种，要适当晚播，使花生收获期尽量避开多雨季节。

注意农机农艺配套　一要选择结果集中、结果深度浅、宜收期长（后期不早衰）、不易落果的直立抗倒伏高产品种；收获宜早不宜迟，一般比人工收获时间可提前 2～4 天，有利于提高收获质量。收获过晚会极大影响收获质量。二要尽量选用沙壤土种植，地势平坦，排灌和交通方便。黏土地要通过压沙或秸秆还田等措施加以改良，提高土壤通透性。三是规范化播种，一垄双行种植垄距 80～90 厘米，垄上小行距 28～33 厘米，垄高 10～12 厘米；平作选用宽窄行种植，宽行距 45～55 厘米，窄行距 25～30 厘米。四要控制株高。当花生植株高度达到 30 厘米左右时，及时喷施植物生长抑制剂，防止花生徒长倒伏，收获时植株高度最好控制在 35～40 厘米。

121. 花生荚果的干燥方式有哪些？

花生荚果的干燥方式有自然干燥法和机械催干法两种。

自然干燥法　利用太阳照射和空气流动将荚果中水分蒸发到安全贮藏标准。自然干燥法又分为三种：田间荚果和茎蔓干燥、田间或场院堆垛干燥和场院晾晒荚果干燥三种：第一种方法是人工或机械收获花生后，每 2 垄或 3 垄花生成条状，整齐铺放在地里晾晒干燥。第二种方法是花生收获后，在地里或运到场院堆成垛，荚果朝外，顶部遮盖草苫干燥。自然晾晒到荚果含水量 25% 左右时，即可进行人工或机械脱果，能起到花生后熟作用和防止荚果霉捂变质。第三种方法是花生收获后，在田间或场院立即人工或机械脱果，脱果后，在场院上将荚果摊成厚 6～10 厘米波浪状的薄层，利用太阳光照射和空气自然流动散失水分。每日露水干后摊开，翻动数次，傍晚堆积成长条状，并在堆上遮盖雨布，防止露水潮湿。晒5～6天，花生果干燥后，堆成大堆。经3～4天堆捂，使籽仁中水分散发到果壳中，再摊晒2～3天，含水量降到10％以下时，即可入库。

南方春花生荚果摊晒干燥期间正值高温季节，上午11时至下午3时场温可升到50℃或以上，应避免在中午烈日下在水泥场上曝晒荚果，以免降低种子生活力。

烘干机干燥法 用带有穿孔底板的箱子或拖车盛花生荚果，用机器吹风（加热或不加热的空气），通过调节荚果堆层厚度、空气温度和通风量，控制干燥过程，保证花生品质。通入干燥空气的温度一般为35～38℃，或比周围气温高10℃，最低气流速度为10米^{3}花生/分钟。荚果含水量30％时，堆层厚度为120～150厘米。花生平均含水量降到8％～10％时，停止干燥。

122. 如何安全贮藏花生种?

花生脱果后，要及时反复晾晒，直到花生荚果含水量低于10％的生理含水量时，才能装袋或散装进行室内贮藏、露天储藏或仓库储藏。

荚果储藏前，首先应充分晒干，去掉虫芽烂果、幼果、破损果和杂质；其次是储藏温度要低，温度过高荚果容易发热霉变，降低花生质量和发芽率；最后是储藏环境要通风散热，储藏湿度要低，有利于保持种子活力。

花生储藏期间应该加强管理，抓好三点：一是储藏期间应定期进行堆温、水分和种子发芽率检测。如果发现超过储藏安全界限，应该及时通风晾晒。二是防止霉变。霉变是指花生发霉变质的现象，主要是由于荚果带菌，在储藏过程中具备适合此类菌类繁衍增殖的条件。三是防止虫害和鼠害。花生入库前，在收获、晾晒和运输过程中，容易带进虫源和老鼠，所以仓库一定要检查和消毒。若发现有飞蛾、虫害和老鼠危害，应及时翻仓消毒，根除虫害和鼠害，确保花生种安全储藏。

七、种植制度与种植模式

123. 何为种植制度？

种植制度亦称"栽培制度"，是在当地自然、经济和生产条件下，根据作物的生态适应性确定一年或几年内所采用的作物种植体系，包括多熟制、作物的结构与布局、复种与休闲、种植方式（包括间作、套作、单作、混作）、种植顺序（轮作、连作）。它是耕作制度的中心。种植制度的制定，要根据当地的自然和经济条件，充分合理地利用农业资源，正确处理好作物与作物间、作物与土壤间的关系，尽量采用先进技术，实行科学种田，用地养地紧密结合，保持良好的农业生态环境，实现农业可持续发展。

评价种植制度合理性的主要指标包括：①充分利用当地水土光热等自然资源，提高光能利用率。②用地与养地相结合。在充分利用土地、提高土地产出率的同时，土壤结构得到改善，肥力不断提高。③经济效益高。实现农作物大面积的高产、稳产，做到低投入、高产出。④作物布局合理。促进农田生态系统的良性循环。

124. 花生与其他作物轮作为什么能增产？

轮作是指在同一块田地上，有顺序地在季节间或年份间轮换种植不同作物的一种种植方式。轮作是用地养地相结合的一种生物学措施，也是提高花生产量的一项重要措施。轮作增产的主要原因有以下三个方面。

减少病虫和杂草危害　合理轮作使危害作物的害虫失去适宜的生活条件，病原菌失去寄主，杂草没有共生的环境，病虫或杂草数量会大大减少。如花生与甘薯轮作，花生网斑病发病率较连作减半，根结线虫感病指数下降 1/4～3/4；与玉米轮作，花生叶部病害发病降低 50%；与水稻轮作，斜纹夜蛾、蛴螬、金针虫等对花生的危害明显减轻，对花生青枯病、茎腐病和根腐病等病害也均有良好的防治效果。

改善土壤理化性状，提高土壤肥力 花生与小麦、水稻、玉米或甘薯等作物轮作，由于需肥特点不同，栽培条件不同，通过轮作换茬，可以充分利用土壤养分，有利于作物生长。禾本科作物需氮较多，需磷、钾相对较少；花生是豆科作物，可与根瘤菌共生固定空气中的氮素，从土壤中吸收磷、钾较多，吸收氮素相对较少；禾本科作物具浅生的须根系，主要利用耕作层养分，花生为直根系，入土较深，可吸收深层养分，同时花生还能将固定的氮素遗留一部分到土壤中，供下茬作物利用。花生的残根落叶及茎叶回田，能显著提高土壤肥力，同时，栽培条件不同的作物进行轮作，可改善土壤理化性状，如水稻和花生轮作，由于种植环境和栽培条件的改变，使土壤疏松，孔隙度增加，通透性改善。

改良土壤微生态环境 作物生长过程中，根系和土壤微生物会分泌一些对自身有害的物质，连作会导致这些有害物质的积累，对作物自身生育产生毒害。连作还会使土壤微生物的种群和数量发生变化，有害微生物增加，不利于花生对土壤养分的吸收利用。合理轮作可有效避免这些不利因素的影响。

125. 花生轮作的主要方式有哪些？

花生宜与禾本科作物等轮作，主要有一年两熟制、一年三熟制、二年三熟制等轮作方式。

(1) 一年两熟制轮作 主要有：冬小麦—夏花生；油菜—春花生；春花生—晚稻（玉米、秋甘薯）；早稻（春玉米）—秋花生。

(2) 二年三熟制轮作 主要有：春花生—冬小麦—夏玉米（或夏甘薯及其他禾谷类）；冬小麦—夏花生→春玉米（春甘薯、春高粱等）。

(3) 一年三熟制轮作 主要有：春花生—晚稻—冬甘薯或小麦；春花生—鲜食玉米—马铃薯；早稻—秋花生—冬大豆或蔬菜。

注：—表示年内轮作；→表示年间轮作。

126. 花生轮作应注意什么问题?

茬口特性 茬口是花生轮作换茬的基本依据。茬口特性是指栽培某一作物后的土壤生产性能,是作物生物学特性及其栽培措施对土壤共同作用的结果。合理轮作是运用作物—土壤—作物之间的相互关系,根据不同作物的茬口特性,组成适宜的轮作,做到作物间彼此取长补短,以利于每作增产,持续稳产高产。花生是豆科植物,与禾本科作物、十字花科作物换茬效果好,一般不与豆科作物轮作。

作物组成及轮作顺序 在安排轮作时,首先要考虑参加轮作的各种作物的生态适应性,要适合当地自然条件和轮作地段的地形、土壤、水利和肥力条件,并能充分利用当地的光、热、水等资源,选好作物组成后,就要考虑各种作物的主次地位及所占的比例。一般应把当地主栽作物放在最好的茬口上,花生主产区应将花生安排在最好的茬口上,并要做到感病作物和抗病作物,养地作物和耗地作物搭配合理,前作要为后作创造良好的生态环境。在土壤 pH 较低的酸性土壤和新开垦土壤一般先安排花生。故花生有"先锋作物"之称。

轮作周期 花生是连作障碍比较严重的作物,轮作周期过短,如小麦—花生一年两熟轮作周期和甘薯—花生一年两熟的轮作周期,花生均表现一定的连作障碍,很难培创高产,所以,在花生主产区应尽量创造条件,延长花生的轮作周期,最好实行 3 年以上的轮作。如轮作周期较短,应通过选配早熟品种、地膜覆盖栽培、育苗移植、套种等措施,安排好茬口衔接,增加周期内其他作物的作数,以发挥作物的茬口特性,改良土壤的生态环境,解除花生的连作障碍,提高花生产量和品质。如北方大花生产区,花生与小麦等禾本科作物轮作,应尽量减少小麦—花生—小麦—花生的轮作方式,增加小麦—花生—小麦—夏玉米的轮作方式。

127. 花生与其他作物间作有什么好处?

间作指在同一田地上于同一生长期内,分行或分带相间种植两种或两种以上作物的种植方式,通用符号"‖"。套种是在前季作物生长后期的株行间种上另一种作物,其共同生长的时间短,通用符号

"/"。间作侧重在空间上集约利用光热水资源，套种侧重在时间上集约利用光热水资源。花生与其他作物间作的好处主要表现在以下几个方面。

充分利用光、热、水、气资源，提高土地利用率　间作后，花生与其他作物构成复合群体，因间作作物的外部形态不同，植株有高有矮，根系有深有浅，对光照、水分和土壤养分等的需求也各不相同，其根系、茎秆密度和叶面积系数均明显超过单作，从而可以更充分的利用空间，提高自然光、热、水、气资源的利用率。花生与高秆作物间作，可以改善高秆作物行间的通风透光条件。据测定，玉米间作花生，玉米行间地面 50 厘米高处的光照强度比单作玉米高出 43%，25厘米高处的光照强度比单作玉米高出 3%。

培肥地力，改善农田生态环境　种豆肥田是我国劳动人民在长期劳作中发现并经实践证明的培肥地力方法，其原理是豆科植物的根系上着生根瘤，根瘤内的根瘤菌具有生物固氮功能，固定的部分氮素通过多种途径进入土壤，提高肥力，并供与其间作的作物吸收利用。据测定，玉米间作花生田比单作玉米田，土壤中的氮素含量提高 4%，木薯、花生间作田的土壤氮含量比单作木薯高 25%。

此外，花生与其他作物间作增加了农田生物多样性，加大农田覆盖度和延长覆盖时间，可减轻雨水对地面土壤的直接冲刷，既可减少农田水土流失，又能改善田间小气候和土壤微生态环境。花生与高秆作物间作，可提高单位面积的种植密度和地面覆盖度，减少地表的直接散热和水分蒸发，在一定程度上增加了土壤温度和湿度，有利于土壤养分的转化、分解及微生物的活动，也有利于根系对土壤养分的吸收和利用。间作花生可以调节土壤温湿度，提高 CO_2 浓度，增加土壤微生物多样性。据测定，玉米、花生间作，地温较单作玉米提高 0.2~1℃，0~15 厘米土层土壤含水量提高 2%，距地面 50 厘米处，CO_2 浓度提高 8%。另外，木薯花生间作可显著提高土壤的细菌、真菌、放线菌数量。

发挥花生与其他作物的优势互补作用　花生与其他作物间作时，因为间作作物的生长特性及对水肥营养需求的不同，可达到各取所需、取长补短的效果，从而充分发挥间作作物的优势互补作用。禾本科作物大麦、燕麦、小麦、玉米、高粱与花生间作，禾本科作物可以通过分泌铁载体麦根酸来改善花生的铁营养，缓解花生缺铁黄化症状。此外，花生根系分泌物能活化土壤中的难溶性磷，增加磷的有效性，使其易被非豆科作物吸收。

128. 花生与其他作物间作应掌握哪些原则？

根据花生的生长发育特性，选择适当的作物种类及行距配比进行花生间作种植，从而提高土地利用率和农民种植效益。当花生与其他作物间作时，在田间构成间作复合群体，它们之间既有互相协调的一面，也有互相矛盾的一面，处理不好或条件不具备，不仅不能增产，还会减产，因此，必须掌握以下基本原则。

选择适宜的作物种类和品种　在作物种类的搭配上要注意通风透光和肥水需要两个方面。按照"一高一矮，一肥一瘦，一圆一尖，一深一浅，一长一短，一早一晚，一大一小，一宽一窄"的原则进行搭配。"一高一矮""一肥一瘦"是指作物株型，即高秆和矮秆搭配，植株繁茂和株型收敛的搭配；"一圆一尖"是指叶片形状，圆叶一般为豆科作物，尖叶为禾本科作物，如玉米、甘蔗与花生间作；"一深一浅"是指深根和浅根作物，如油茶、桉树与花生间作；"一长一短""一早一晚"是指生长期的长短和发育早晚，如生育期较长的木薯、甘蔗与花生间作；"一大一小""一宽一窄"是指主作物密度的大小和种植行距的宽窄，如在一些宽行距种植的幼龄果园里间作花生，既不影响果树的前期生长，又可增加一季花生产量。在品种选择上，花生与高秆作物间作时，花生要选择耐阴性强、适当早熟的品种，高秆作物要选择株型不太高大、收敛紧凑、抗倒伏、边行优势明显的品种。

合理安排田间群体结构和种植规格　合理的种植方式是使间作复合群体充分利用自然资源，解决花生与其间作作物间争光、争空间、争水肥等一系列矛盾的关键。种植方式恰当既能增加群体密度，又有较好的通风透光条件。有了合理的种植方式，还必须有合理的密度，一般应根据间作方式，尽量加大花生密度。花生与其他作物间作时，应事先确定主、副作物关系，安排合理的行距配置比例，使间作作物能获得良好的生长发育条件，一般在保证主作物密度与产量的前提下，以适当提高副作物的密度和产量为原则。如在玉米和花生间作系统中，当以玉米种植为主时，采用 2 行玉米间作 4 行花生的种植模式；当以花生种植为主时，采用 1 行玉米间作 4 行花生或 2 行玉米间作 6 行花生的种植模式。

采用相应的间作栽培技术 花生与其他作物间作，必须根据间作作物的生长发育特性，采用相应的栽培管理技术，以获得花生与间作作物的双丰收。重点技术是选地整地、水肥管理、间作种植时期、田间管理等方面。每种间作模式和规格均有其独特的关键技术。如丘陵地花生间作玉米，在冬前根据种植规格挖好玉米抗旱丰产沟，以减少玉米对花生的影响，这是获得间作玉米丰收的一项关键技术；花生间作西瓜，冬前挖好西瓜移栽沟是获得西瓜丰收的主要措施；花生间作木薯，在木薯齐苗后立即进行间苗，每穴保持一株木薯苗，拔除多余的木薯苗，避免多余的木薯苗对花生的影响。各地在引进或采用新的花生间作模式时，均要根据作物自身的生长需求、结合当地的自然条件和栽培措施，对栽培管理技术进行试验，制定一套切实可行、适合当地条件的间作花生栽培管理技术。

129. 花生与玉米间作主要模式有哪几种？

南方玉米花生间作 花生与玉米间作可分为以玉米为主和以花生为主两种间作方式。以玉米为主，2 行玉米间作 4 行花生，玉米采用宽窄行种植方式，窄行距 40 厘米，株距 20 厘米，宽行距 2 米，其间种 4 行花生，花生行距 40 厘米，穴距 16 厘米，每穴播 2 粒；以花生为主，2 行玉米间作 6 行花生，玉米采用宽窄行种植，窄行距 40 厘米，株距 20 厘米，宽行距 2.8 米。不同间作比例玉米、花生的产量均随其实际所占面积的大小呈明显的梯度差，花生产量随间作玉米密度的减少而提高，玉米产量则随间作花生株数的减少而提高。

黄淮海地区玉米花生间作 在黄淮区丘陵旱地，多以花生为主间作玉米，间作方式一般为 8～12 行花生间作 2 行玉米，种植花生株数接近单作花生。在平原沙壤土，多以玉米为主间作花生，间作方式一般为 3～6 行玉米间作 4～6 行花生，种植玉米株数接近单作玉米。不同间作比例玉米、花生的产量均随其实际所占面积的大小呈明显的梯度差，花生产量随间作玉米密度的减少而提高，玉米的产量则随间作花生株数的减少而提高。综合考虑花生和玉米的总产量和总价值，多年的生产实践和试验结果表明，在以粮为主的产区，中上等肥力沙壤土，应以玉米为主间作花生。

东北玉米花生间作　在我国东北风沙半干旱区土壤存在严重的风蚀问题，玉米花生间作种植不仅可防风蚀侵害，还能解决花生重茬连作障碍及粮油争地矛盾。玉米与花生以 1 : 1 行距比带状种植，一般带宽 8～10 米，以 16～20 行玉米和 16～20 行花生间作条带种植为主，玉米株距 33 厘米，密度约 3 万株/公顷，花生穴距 13～14 厘米，双粒播种，密度约 15 万株/公顷。玉米收获后可选用秸秆不刈割站立到翌年播种前做还田处理，或玉米秸秆刈割留茬 30～40 厘米，或玉米秸秆刈割平放入花生种植条带。花生收获后，花生植株均匀地撒在地表上进行地表覆盖，以达到防风、保土、保水效果。

130. 花生与经济作物（水果）间作主要模式有哪几种？

南方甘薯花生间作　花生与甘薯间作是利用甘薯扦插时间晚，前期生长缓慢，而花生播种早、收获早的不同特点，争取季节，充分利用地力与光能，在影响甘薯很小的情况下，增收一定数量的花生。花生间作甘薯主要有 1 : 1、2 : 2、4 : 1、3 : 1 等方式。1 : 1 的间作方式，在每一条甘薯垄（畦）的同侧半腰间作 1 行花生，花生穴距 16～26 厘米。2 : 2 间作方式是每两条甘薯垄（畦）的相邻两侧的半腰各间作两行花生，间作密度同 1 : 1 方式，其优点是可将甘薯茎蔓引入未间作花生的垄沟，对花生影响小。4 : 1 的间作方式是在每一条甘薯垄（畦）的两侧半腰各间作 2 行花生。3 : 1 的间作方式是在每一条甘薯垄（畦）的两侧半腰分别间作 1 行和 2 行花生。无论采用哪种间作方式，均应选用早熟、丰产、结果集中的珍珠豆型花生品种，以便早熟早收，为甘薯后期生长发育创造良好条件。花生收获后，要加强甘薯管理，保持甘薯垄的原形，以利甘薯膨大。甘薯品种应选用生育期短，能够晚播早收的短蔓型品种。特别是与秋花生间作，由于秋花生播种期受生长季节限制，更应选择生长势强，扦插成活快，生长期短而耐寒性强的甘薯品种，以获得花生、甘薯双丰收。

南方木薯花生间作　要求土壤表层 5 厘米日平均地温稳定在 12℃以上。春播桂南地区适宜的播期为 2 月 20 日～3 月 10 日，桂中地区为 3 月 10 日～3 月 20 日，桂北地区为 3 月 20 日～4 月 5 日。播种时土壤相对含水量以 70%～75% 为宜，即耕作层土壤手握能成团，手搓较松散。木薯和花生可以同时种植，也可让花生比木薯提前 15 天左右种植，间作花生覆盖地膜可缩短生育期，使花生提前一个星期左右成熟，以减少花生被木薯的荫蔽时间，增加花生产量。木薯行距为 110～120 厘米，株距约为 80 厘米，1 行木薯间作 2 行花生，木薯与花生之间的距离需达到 40 厘米以上，花生行距为 30～40 厘米，木薯密度为 1.0 万～1.1 万株/公顷，花生密度为 19.5 万～21 万株/公顷。木薯以东西向开种植沟，把木薯种茎平放在播种行中，在每两段种茎间放适量三元复合肥，用量约为 750 千克/公顷。在木薯行间撒施 300 千克/公顷的三元复合肥作为花生种肥，将肥料与土壤混匀，开 2 行花生种植沟，按穴距 16.5 厘米点播花生种子，每穴 2 粒。

南方甘蔗花生间作　通过宽窄行种植方式，在保持甘蔗单位面积种植株数与单作相当前提下，在宽行间种花生。甘蔗窄行距 70～80 厘米，宽行距 180 厘米，在甘蔗宽行中间作 3 行花生，花生甘蔗行距 60 厘米，花生行距 30 厘米。甘蔗选择分蘖力强、单株生产力高、边行优势明显的品种，花生选用高产、耐阴、早熟品种。

南方花生套种淮山药　花生收获前 1 个月，在其种植田块的垄沟里打洞种植淮山药。根据不同的淮山药品种选用不同的孔径，孔距（株距）20～25 厘米，孔深 90～100 厘米。在钻好的孔中填充稻草，一般公顷用干稻草 3 750～4 500 千克，也可用木糠、甘蔗叶等其他填充料替代。淮山药的行株距为 100 厘米×（20～25）厘米，种植密度为 3.9 万～4.5 万株/公顷。

黄淮海西瓜花生间作　花生间作西瓜的种植有 4∶1 和 6∶2 等规格。4∶1 的种植规格是 4 行花生间作 1 行西瓜，种植带宽 1.8～2 米，西瓜沟宽 50～70 厘米，株距 40 厘米，花生小行距 30 厘米，穴距 17 厘米。6∶2 的种植规格是 6 行花生间作 2 行西瓜，花生占地 2.6 米，平均行距 44 厘米，穴距 18 厘米。西瓜占地 1.4 米，2 行西瓜间小行距 70 厘米，大行距 3.3 米，平均行距 2 米，株距 40 厘米。

为保证西瓜和花生双丰收，应于冬前确定间作种植规格，并在种植西瓜处挖50厘米深的沟，宽度大于西瓜小行距，挖出的土堆于两沟之间，经过一冬的熟化，早春埋沟并结合施肥，一般每公顷施有机肥30~45吨，饼肥1 125~1 500千克，整成缓坡式脊形垄。西瓜应选早熟优质品种，花生应选用早、中熟高产品种。西瓜应提前40天采用阳畦营养土纸筒育苗，在大花生产区一般应于4月下旬移栽，并可用薄膜拱棚保护地栽培。花生一般于5月初播种，播种前应施足基肥。

131. 黄淮海地区花生与粮油菜多种作物间作模式主要有哪几种?

小麦、花生、玉米三作三收 小麦选用晚播、早熟、矮秆、抗倒伏、抗逆性强的高产品种，花生选用耐阴性强、增产潜力大的品种。花生在小麦收获前15~20天套种于小麦行间，玉米套种适期为麦收前7~10天，为确保花生、玉米一播全苗，应结合浇麦黄水，做到足墒套种。目前推行两种种植规格，一种是种植带宽3.6米或3.9米，其中畦面宽3米或3.3米，畦中播种11行或12行小麦，小麦行距30厘米，小麦行间套种花生，每公顷套种12万~13.5万穴。畦背宽60厘米，在畦背上套种2行玉米，每公顷确保3万株以上。另一种种植带宽2.8米，畦面宽2.4米，畦背宽40厘米，畦面小麦行间套种花生，畦背套种1行玉米，玉米采取间隔双株留苗法，以确保玉米种植密度。

小麦、花生、大豆三作三收 以1.2米为一种植带，花生占地70厘米，小麦占地50厘米。小麦播种前进行整地，施肥起垄，垄面宽70厘米，留种花生，垄沟宽50厘米，播种3行小麦，5月初，在垄上播种2行花生，密度为12万~15万穴/公顷，小麦收获后，在沟中心播种1行大豆，确保18万~24万株/公顷。冬小麦应在适期范围内尽量早播，花生播种期应比单作花生晚播5天左右。

花生、粮、菜四作四收 小麦、冬菜、春花生、秋菜间套复种一年四作四收是山东省招远市农业技术推广站试验成功的一种高产高效栽培模式。冬小麦播种前，整地起垄，垄距90厘米，垄顶宽50~60厘米，垄沟宽30~40厘米，沟底14厘米播种2行宽幅小麦，垄面播种 2 行菠菜（或其他冬菜），翌年 3 月底至 4 月上旬菠菜收获后，在垄面上播种 2 行花生，花生小行距 30 厘米，穴距 15～17 厘米，每公顷播种 13.5 万～17.4 万穴，6 月中、下旬小麦收获后，在沟内播种 1 行秋黄瓜（或其他秋菜），穴距 60 厘米，每公顷 1.6 万株左右。

132. 麦套花生有什么优点？

麦套花生是在麦收前在小麦行间套种花生。其优点主要表现在以下几个方面。

时空效应高　套种充分利用了时间和空间，可使有限的光、热资源得到充分利用，达到增产增收的目的。

土地利用率高　麦田套种花生，改传统的一年一作或二年三作为一年二作，土地利用率提高 50% 以上，解决了粮油争地、争春的矛盾，扩大了粮油种植面积，达到了粮油双高产的目的。

肥水两用　小麦播种时施足肥料，不仅使小麦高产，也满足了花生喜"乏肥"特性，确保其对养分的需要，提高了肥料利用率。花生播种时带种肥，不仅对其幼苗有利，对小麦抽穗开花也有利。浇小麦起身拔节水与花生造墒播种结合起来，一水两用，提高了水的利用率。

养分互补　花生、小麦根系分布不同，对肥料吸收数量和比例也不一，可充分利用土壤中不同元素和不同层次养分。

133. 提高麦套花生产量的技术要点有哪些？

麦田套种花生，由于受小麦遮光影响，生育前期发育迟缓，幼苗瘦弱，而生育后期又因气温降低易出现贪青现象。高产栽培应注意做好以下几点。

轮作换茬　小麦套种花生一年两熟栽培宜设在肥力中等或以上的生茬土壤上（小麦—花生、小麦—玉米、小麦—棉花等两熟制实行 2～3 年的轮作），地势平坦，排灌方便，耕作层松暄。通透性较差的黏土，可通过秸秆还田和增施有机肥等加以改良。每 2～3 年在小麦播种前深耕 30～35 厘米，其余年份耕深 25～30 厘米。

平衡施肥　在前茬小麦施足有机肥的基础上，花生茬化肥根据产量水平施用。公顷产量4 500千克左右的地块，每公顷施尿素105～150千克，过磷酸钙150～225千克，硫酸钾150～195千克；公顷产量6 000千克左右的地块，每公顷施尿素150～225千克，过磷酸钙225～300千克，硫酸钾195～240千克；公顷产量7 500千克左右的地块，每公顷施尿素225～300千克，过磷酸钙300～375千克，硫酸钾240～300千克。亦可施用等元素含量的其他肥料。肥料结合第二次中耕追施。

合理搭配良种 小麦选用矮秆、抗逆性强的早熟品种。花生选用产量潜力大、综合抗性强、分枝少的中早熟大花生，如山花11、山花13、花育22、花育25等。

选择适宜的种植模式和规格 小麦一般采取30厘米等行距种植，花生穴距22～25厘米，每公顷播13.5万～15万穴，公顷产量7 500千克以上的高产田，花生穴距20厘米左右，每公顷约播16.5万穴，每穴2粒种子。小麦没采取等行距播种的，花生行距控制在30～35厘米，最大不超过40厘米，穴距根据行距大小适当调整。

适时套种 花生套种期主要取决于小麦冠层大小、小麦行距等。中高产麦田，遮阴严重，套种适期为麦收前10～15天；中低产麦田可适当提前5～7天。套种前7～10天，结合浇小麦灌浆水造墒，来不及造墒的，可先适期播种，播种后浇蒙头水。套种时，可用竹竿制成"人"形架，一人在前边分开小麦，随后开沟（穴）按密度要求的穴距播种，穴距要匀，播后随即覆土，也可用花生套种耧套种。注意深浅一致（3厘米左右），切忌过深或过浅。花生出苗过程，发现有落干现象的，应及时浇水，确保花生及时出苗。

及时中耕 麦收后5～7天内进行第一次中耕，灭茬松土，清除杂草；始花后（6月下旬）进行第二次中耕，结合中耕，将花生茬的化肥追施在植株两侧10～15厘米的土层内，追肥后随即覆土浇水；盛花后期（7月下旬），花生封垄前，抓住适墒用"犁"穿沟培垄，使高节位果针入土结实。培土要做到沟清、土暄、垄腰胖、垄顶凹。有杂草的田块应先清除杂草后培垄。

叶面喷肥 7～8月高温多雨季节，若发现植株顶部出现黄白心叶，应及时叶面喷施0.2%～0.3%硫酸亚铁水溶液，一般连喷2～3

次，间隔 7~10 天。

及时化控　麦套花生生长前期由于受小麦遮光影响，茎枝基部节间较单作春花生细而长，中后期更易发生倒伏，当株高达到 30~35 厘米时，应及时叶面喷施多效唑或壮饱安等植物生长抑制剂加以控制。

适当晚收　套种花生收获期可适当延至 9 月底至 10 月初，以不耽误下茬种小麦为准，一般不要提前收获。

134. 麦后夏直播花生有什么优点？

麦后夏直播花生是在小麦收获后种植花生。其优点主要表现在以下几个方面。

实现了机械化　夏直播花生耕地、播种、收获等生产环节实现了机械化和标准化，保证了播种时间，提高了播种质量和生产效率，减轻了劳动强度。

播种方便　夏直播花生播种方便、深浅一致、便于施肥、出苗整齐、播种基础好。小麦播种时不用预留花生套种行，提高了土地利用率，增加了小麦产量，容易夺取粮油双高产。

改善土壤结构　夏直播花生可将麦秸、麦茬还田，能为花生提供营养，改善土壤结构，增加有机质，提高土壤肥力，实现良性循环，促进农业可持续发展。

繁殖种子　夏直播花生作种，种子出苗快，出苗势和出苗率均高，长势好。夏直播繁殖花生种子，可减少混杂、确保纯度、提高产量。

135. 提高麦田夏直播花生产量的技术要点有哪些？

麦后夏直播花生种植方式由于两作物无共生期的相互影响，因而更有利于小麦高产和后茬花生的生长，而且通过覆盖地膜，相对弥补夏花生生育期短、热量不足的问题。在年积温较高，人多地少，劳力充足的地区，适合大发展。

合理搭配良种　小麦要以早熟品种为主，适当搭配中熟偏早的品种。花生品种应以早熟大果为主，适当配以中熟大果，如鲁花 11、潍花 6 号、丰花 1 号等。

抢茬早播，加盖地膜　夏直播花生麦收后的农耗时间应控制在 3 天左右，不超过 5 天，确保全生育期在 110 天以上。覆膜可增加地积温，加速花生生育进程，提高花生结实率和饱果率，增产显著。

及时灭茬，施足底肥　前茬小麦要施足有机肥。小麦用联合收获机收获，麦茬要尽可能矮。麦收后，选晴日午后用秸秆切碎机将麦草（秸秆）来回方向各打 1 遍，然后撒施化肥，化肥用量同麦套花生。施肥后用旋耕机旋耕，来回方向各旋 1 遍，深度 20 厘米以上，做到地面平整、草肥土均匀，备播。

按规格播种　选用农艺性能优良的联合播种机，将起垄、播种、扶土、喷施除草剂、铺设滴灌管（进行滴灌栽培的）、覆膜、膜上压土等工序一次完成。如果机械在播种行上方膜面覆土高度不足 4 厘米的，要人工填补至高度达到 4～5 厘米，确保花生幼苗能自动破膜出土。具体种植规格：畦距 80～85 厘米，畦内起垄，垄高 10～12 厘米，垄面宽 50～55 厘米，垄上种 2 行，垄上小行距 30～35 厘米，早熟大果品种穴距 13～15 厘米，每公顷 16 万～18 万穴；中熟偏早大果品种穴距 15～16.5 厘米，每公顷 15 万～16 万穴，每穴播 2 粒种子。

播后及时浇水　墒情不足的地块，播后要及时顺沟浇水，确保花生按时出苗。肥水一体化栽培的地块可通过滴灌提高土壤墒情。

加强田间管理　花生出苗后及时清除压埋在播种孔上方的土墩，以利侧枝早生快发，并及时抠出膜下侧枝；始花后 10 天左右，每 10 天左右用不同杀菌剂交替喷施 2～3 次，抑制叶部病害的蔓延；结荚初期发现蛴螬、金针虫等地下害虫危害，应及时用辛硫磷 1 000 倍液灌墩或"辛拌磷"颗粒毒沙撒墩；伏季高温多湿注意防治棉铃虫大发生；主茎高度达到 30～35 厘米时，及时喷施植物生长抑制剂，防止倒伏，提高荚果饱满度；盛花期前后遇旱及时浇水，水量要足，饱果成熟期如遇秋旱，应小水润浇，以护根保叶，增加荚果饱满度；收获期应延至 10 月上旬，收后彻底清除残膜。

136. 提高秋花生产量的技术要点有哪些？

选择适宜地块　根据秋花生生育期间前期多雨、中后期干旱的气候特点，应选用土质疏松、肥力较高、排水良好和有灌溉条件的水旱田种植。

适期播种　广东北部、福建与云南中南部、广西中北部、湖南与江西南部等地，以大暑至立秋播种为宜；广东中部、福建东南部、广西中南部、云南南部等地，以立秋前后播种为宜；海南、广东与广西南部等地，以立秋至处暑播种为宜。

增施肥料　为保证秋花生高产稳产，须增施肥料。每公顷施有机肥（堆肥、土杂肥、塘泥等）15～18吨，草木灰375～750千克，过磷酸钙300千克，钙肥（石灰、壳灰）300～375千克。幼苗主茎展开3～4片复叶时，每公顷追施尿素60～90千克，过磷酸钙75～115千克。

密植全苗　行距23～26.5厘米，穴距16.5～20厘米，等行种植，或宽窄行种植，宽行33厘米，窄行16.5～20厘米，穴距16.7～20厘米。每公顷播15万～18.75万穴，每穴2粒。

及时排灌　排灌是秋花生高产的关键。前期以排水为主，遇旱适当灌水润苗。中期则以灌水为主，遇雨过湿应立即排涝，保持土壤湿润。后期要注意适当灌水防旱，以水促肥，以水保叶，防止早衰，增加荚果产量。

中耕除草　秋花生齐苗后至开花下针前，要中耕松土除草2～3次，清沟、培土至少1次。可采用金都尔等除草剂除草，播种后1～2天内，均匀喷洒于地面，花生封行前后再拔除大草1次。

加强病、虫、鼠害防治　秋植花生前期气温较高，蚜虫、叶蝉、蓟马及浮尘子等害虫发生较多，中后期斜纹夜蛾及锈病、叶斑病等发生危害严重，可用敌百虫、劈蚜雾、毒死蜱及杀菌剂进行防治。

137. 进一步提高春播覆膜花生产量的技术要点有哪些？

除了高产田花生田间管理的共性技术之外，还需在以下环节加强控制和管理。

（1）做好播种前准备　①种子准备。品种应选生育期长、增产潜力大、抗病性好的品种。种子剥壳前要带壳晒种，剥壳后要分级粒选和药剂拌种。②肥料准备。要因产定肥，具体肥料种类、数量及施肥方法见表 3。③土壤准备。前茬作物收获后要尽早深耕，来不及深耕的，可在来年早春进行，深度 30 厘米左右。多年未深耕的地块或重茬地，耕深可达到 35 厘米。深耕要结合施肥进行。播种前，先铺施化肥，然后用旋耕机旋地 1～2 遍，深度 15 厘米左右，消除明暗坷垃，做到地平、土细、肥匀，土层上松下实。为了排涝还要挖好堰下沟、横截沟，与垄沟形成三沟配套。

表 3 不同产量水平配肥方案

计划产量	肥料需要量（千克/公顷）			
	商品有机肥	三料复合肥	尿素	硫酸钾
4 500	1 800～2 400	150～215	100～130	130～170
6 000	2 400～3 000	215～280	130～165	170～210
7 500	3 000～3 750	280～350	165～210	210～260
9 000	3 750～4 500	350～400	210～250	260～310

（2）把好播种质量关 要注意适期、适墒播种，适期内有雨抢墒播种，墒情不足要先造墒后播种。选用厚度为 0.01 毫米的聚乙烯地膜或银黑双色地膜（有除草和驱避蚜虫的功能）。密度与种植规格要合理，详见地膜覆盖播种部分。

（3）抓好田间管理

及时破膜放苗 当幼苗顶裂土堆现绿时，将播种行上方的土（堆）撒至垄沟。在覆土厚度不足、花生幼苗不能自动破膜出土的地方，要人工破膜释放幼苗。由于花生出苗速度不一，破膜放苗可分批进行。破膜后要随即在膜孔上盖一把湿土，厚约 3～5 厘米，轻轻按压。破膜放苗要在上午 9 时以前或下午 4 时以后进行，以免高温闪苗伤叶。

抠出膜下侧枝 花生 70% 的荚果坐生在第一对侧枝上，如果侧枝被压埋在地膜下面，势必影响花芽分化。因此自团棵期（第一对侧枝与主茎同高）开始，要及时检查并抠取压埋在膜下横生的侧枝，使其健壮发育。始花前需进行 2～3 次。

138. 影响花生产量的土壤因素主要有哪些？

瘠薄 旱薄地产量低的原因：一是降雨不足。花生生长季节内降水量不能满足花生正常生长发育的需要，且无灌溉条件，造成土壤干旱缺墒而减产。二是耕层浅。因地形和生产条件限制，耕作层浅，多数不足 15 厘米，不利于花生根系下扎，也不利于土壤蓄水保墒。三是肥力低。土壤中有机质及矿物质养分贫乏，理化性质差，难以满足高产花生对土壤肥力的要求。四是肥水易流失。由于耕层浅，水土流失严重，保肥性能差，易导致肥力下降。

连作 花生是忌连作的作物。连作可导致花生根系分泌物等有毒物质累积使花生自身中毒；土壤真菌数量增加、细菌和放线菌数量减少；土壤碱性磷酸酶、蔗糖酶、脲酶等酶活性降低，影响土壤营养成分转化，进而降低磷、钾、硼、锰等花生吸收量相对较多元素的含量，造成营养胁迫；病源虫源数量累增，病虫害加重。土壤的系列变化导致花生营养不良，生育缓慢，植株瘦弱，花果少，籽仁秕，品质差，产量低，并随连作年限的延长而加重。一般来说，连作 1 年，减产 5%～10%；连作 3 年，减产 20%以上；连作 5 年以上，花生产量一直处于较低水平。因此，连作一直是影响主产区花生持续增产增效的主要因素之一。

酸化 酸化土壤的主要危害：一是耕作性能变差，土壤板结，不好耕作。二是养分易失衡。酸化土壤中的钙、镁元素大量流失，导致营养胁迫。钙对花生尤为重要，缺钙易导致荚果空秕而减产，甚至绝产。三是重金属活跃。酸性条件下，土壤中的重金属活性增加，导致花生籽仁重金属含量超标，危害人体健康。

139. 提高旱薄地花生产量的技术要点有哪些？

多轮作 旱薄地花生可与甘薯等抗旱耐瘠作物实行轮作，消除连作对花生生育的不利影响。

深耕改土 旱薄地多为一年一季春花生。要冬前耕地，早春顶凌耙耢，或早春化冻后耕地，随耕随耙耢。耕作层浅的地块，要逐年加深耕翻深度，增加耕作层厚度，尽可能使耕作层厚度达到 25 厘米以上，最好达到 30 厘米。确保花生根系正常伸展。

增施有机肥，配施无机肥 结合耕地，每公顷施土杂肥 45～60吨，或腐熟鸡粪 12～15 吨，或商品有机肥 3 750～4 500 千克；化肥每公顷施尿素 60～90 千克，磷酸二铵 105～225 千克，硫酸钾 120～

165 千克。也可用等量元素的其他肥料。

覆膜栽培 地膜覆盖有利于土壤蓄水保肥，减少土肥水流失。

选用良种 选用抗旱、耐瘠性好、适应性广的中熟品种，如丰花1 号、花育 25 等。

追施叶面肥 旱薄地根系吸收能力差，可进行根外追肥补充之。叶面追肥一般施 2～3 次，施 2 次时分别在盛花期和饱果前期，3 次时结荚中期追加 1 次。追施肥料为尿素和磷酸二氢钾，浓度分别为1%～2%和 0.1%～0.2%。

140. 提高连作花生产量的技术要点有哪些？

冬闲种植越冬作物 在两季花生之间的农闲时间种植诸葛菜等越冬作物，对缓解连作障碍有很好效果。花生收获后（一般 9 月中旬）即可播种。播种前每公顷铺施尿素 75～100 千克，然后旋耕 1～2 次，做到地平肥匀。采用条播方式，行距 15～20 厘米，播深 1～2 厘米，墒情差的地块播深 2～3 厘米，播种量 10～15 千克/公顷。越冬前，有条件的地区可浇水 1 次。来年 4 月底至 5 月初的盛花期进行切碎翻压。翻压时间对绿肥的效果至关重要。过早，诸葛菜生物量不足，绿肥效果差，而且植物体内水分易损失；过晚，茎秆木质化，翻压后不易腐烂，影响下茬作物出苗。翻压前应先铺施花生肥，然后深翻30～35 厘米，随后耢平、备播。有水浇条件的地块，亦可种植冬油菜，花生收获后播种，翌年盛花期翻压。

合理施肥 连作花生提倡施用生物有机肥，每公顷用量 2.5～3吨。如果施用腐熟的畜禽粪便，应单独加施生物肥（菌剂）或抗重茬剂，畜禽粪便的用量每公顷 7.5～9 吨，生物肥（菌剂）或抗重茬剂的用量因品牌不同而异，可按产品说明书推荐的用量施用。化肥施三元复合肥 160～220 千克，尿素 100～130 千克，硫酸钾 130～170 千克。也可施用等量元素的其他肥料。有机肥和 2/3 化肥深翻前撒施，剩余的 1/3 化肥于播前撒施，浅旋后播种。

选用耐连作品种 品种选择应考虑以下因素：一是种子来源于非重茬地；二是种子抗（耐）重茬；三是生育期较长，丰产性好；四是抗病抗逆性强，即能较好地抵抗当地干旱、渍涝、某种病害等自然灾害。如花育 22、花育 25 等。

141. 提高酸化土壤花生产量的技术要点有哪些？

秸秆还田 秸秆还田不仅可增加土壤有机质含量，而且能提高土壤对酸化的缓冲能力，提升土壤酸碱值。将花生与小麦、玉米等作物实行轮作，并在轮作期将其秸秆还田，可改善土壤理化性质。

科学施化肥 酸性土壤钾、钙、镁等盐基养分缺乏，土壤物理性状变劣，质地黏重，施肥应遵循"增有机、补盐基、多碱性、少酸性"的原则，即要通过增施有机肥改良土壤结构，适当增加钾钙镁等盐基养分肥料，缓解土壤养分胁迫。选用钙镁磷肥等生理碱性肥料，或尿素、硫酸钾等中性肥料，不用硫酸铵、过磷酸钙等生理酸性肥料，减缓土壤酸化进程。一般产量水平，每公顷施商品有机肥 2.4～3 吨，三元复合肥 210～280 千克，尿素 130～160 千克，硫酸钾 170～210 千克。高产栽培施肥量可增加 10%～15%。当土壤 pH 小于 5.5 时，可通过施生石灰、硅钙肥和石灰氮等含钙的碱性土壤调理剂提高 pH，同时补钙，每公顷用量分别为 750 千克、600 千克和 450 千克。

有机肥、氮磷钾化肥做基肥，结合耕地均匀施在耕作层，也可留出 1/3 的化肥于旋地前铺施，或用播种机上的施肥器随播种一起进行。生石灰、硅钙肥于旋耕后播种前撒施在地表，起垄时将其施在 0～10 厘米的结果层。石灰氮等能产生有毒气体的调理剂要与有机肥在耕地前一起撒施。

选择耐酸品种 不同花生品种耐酸性存在一定差异，种植耐酸花生品种是缓解酸胁迫、防止花生空秕的有效途径。一般说来，小花生的耐空秕性好于大花生。目前耐酸性较好的品种有花育 32、湘花 2008 等。

适时化控 酸化土壤花生生殖体发育常常受阻，营养体易徒长倒伏。当花生主茎高度达到 30 厘米左右时，应及时进行化控。

142. 彰武县花生膜下滴灌"四水一肥"水肥一体化管理模式的技术要点有哪些？

种植方式 花生采取 1 膜 2 行种植方式。

灌水管理 ①第一水（播种至出苗期）。为补墒水，播种后如土壤湿度不足最大持水量的 60% 时，应立即采取膜下滴灌，水量不宜过大，能保证土壤返潮即可，灌水量最多为 75 米³/公顷。如果是全地面的系统模式，滴 1 小时即可。②第二水（开花至下针期）。此阶段以适当干旱为宜，7 月 15 日前后进行灌水，灌水量约为 150 米³/公顷。③第三水（下针至荚果膨大期）。7 月下旬至 8 月下旬，此阶段是花生一生中需水量最多的时期，膜下滴灌量为 150～450 米³/公顷。④第四水（荚果膨大至成熟期，即饱果期）。8 月 20 日至 9 月 5 日，此时水分消耗减少，膜下滴灌量为 75～225 米³/公顷。

施肥管理 ①基肥。要求一次性施足，以腐熟的有机肥料为主，有机肥随整地施入，化肥随覆膜播种施入，有机肥用量 30～45 吨/公顷，底肥施氮磷钾复合肥 450～525 千克/公顷。②追肥。时间为下针至荚果膨大期，随灌水滴施尿素 30 千克/公顷、氯化钾 75 千克/公顷和硝酸钙 15 千克/公顷。

143. 石河子花生膜下滴灌水肥一体化管理模式的技术要点有哪些？

种植方式 花生采用 1 膜 2 行或 4 行播种。

灌水管理 ①根据花生长势、天气情况、土壤墒情确定合理的滴水起始时间。一般年份可在 6 月中旬开始滴水，沙性地、出现旱象早、花生较弱的花生地可适当提前。6 月可视具体情况进行 1～2 次滴水，每次滴水量 180～225 米³/公顷，滴灌周期 7～8 天。②7 月花生进入花针期，生长加快，同时随气温的升高，滴水量应逐步加大，滴水周期逐步缩短。一般进行 3～4 次滴水，轮灌周期 5～6 天，每次滴水量约 300 米³/公顷。③8 月滴水 3～4 次，每次滴水 300～375 米³/公顷，轮灌周期 6～7 天。④9 月上旬，可酌情进行 1 次滴水，滴水量为 150～225 米³/公顷。

施肥管理 ①基肥。将磷肥的 80% 和氮肥的 50% 作基肥结合犁地一次性翻入耕层，每公顷施农家肥 22～30 吨，磷酸二铵 270～300 千克，尿素 300～375 千克。②追肥。根据花生生长发育各阶段需肥规律，采用随水滴施法，全生育期共滴肥 4～5 次，分别在第 2 次和

第 6 次滴水时进行，每次每公顷滴施尿素 45～60 千克，第 2、3、4
次滴肥时每次每公顷加入磷酸二氢钾 15 千克与尿素一同滴施。滴肥
方法：在施肥前先滴 1 小时清水，再根据每次滴灌区面积折算成肥料
总量加入施肥罐，滴完后再滴 1 小时清水。③叶面喷肥。花生生长后
期，每公顷用磷酸二氢钾 3 千克，加水 900 千克，叶面喷施，最好连
喷 3 次，每隔 7 天喷 1 次。

八、优质安全

144. 花生在保障我国食用油脂安全中作用有多大？

　　随着我国人民生活水平的持续提高和膳食结构的不断改善，植物油需求量仍将不断上升。2018 年我国人均食用油消费量 25.1 千克，是全球平均消费量的 130％，国产植物油产量约 1 170 万吨，总消费量则超过 3 800 万吨（其中食用占 91.2％），国产植物油供给率不足 1/3。到 2030 国内植物油市场需求总量将达到 3 500 万吨以上，提高油料自给率和保障供给安全的任务将十分艰巨。我国花生约 55％～60％用于榨油，年消耗花生原料近 800 万吨（以花生果计算），是花生最大的利用途径。

　　花生油是一种中高档食用植物油，不饱和脂肪酸含量高，是华北、东南沿海和一些大城市的主要食用油。据测算，全国现有花生油固定消费人群对花生油的年需求量约 280 万吨，需要增长 20％以上才能满足需要。花生是我国重要的油料作物，是国民经济发展和维护国家粮油安全的重要保障。中国一直是食用油消费大国，2015—2016 年，我国食用油的消费总量为 3 426.5 万吨，利用国产油料（扣除大豆、花生、芝麻和葵花籽 4 种油料部分直接食用外）的榨油量为 1 105.5 万吨，国产食用油自给率已不足 1/3。形势极为严峻，而花生作为油料作物具有以下明显优势。

　　生产规模大　我国花生生产优势明显，2019 年我国花生种植面积约 7 000 万亩，在国际上仅次于印度居全球第二位，占全球花生面积的 17％；年均总产 1 733.2 万吨，居世界首位；单产 3 751.5 千克/公顷，是世界平均单产的 2.3 倍，在国际上具有规模和单产的明显优势。在国内油料作物（油菜、花生、芝麻、油葵、亚麻）中，花生的年总产量居首位。

产油效率高 一般花生籽仁含油量 48%～55%，高于大豆和油菜等大宗油脂原料，加上单产高，就单位面积产油量而言，单位面积产油量是大豆的 4 倍、油菜的 2 倍，是产油效率最高的油料作物。我国加入 WTO 以来，在油料进口大幅度增加和自给率不断下降的背景下，花生油是大宗食用油中自给率最高的品种。

油脂品质好 与大豆油和棕榈油等大宗油脂相比，花生油的油酸、亚油酸等不饱和脂肪酸高，富含维生素，营养保健价值高。此外，花生也是传统特色食品和重要蛋白来源，用途多样，榨油后的蛋白饼粕是食品和饲料工业的优质蛋白质来源，综合利用价值高。

145. 与其他食用油相比，花生油有哪些优点和缺点?

花生油色泽清澈明亮，气味芬芳，滋味可口，是一种比较容易消化的食用油（视频 9）。花生油含不饱和脂肪酸 80% 以上，而不饱和脂肪酸有利人体健康且容易代谢，可防止胆固醇升高、血栓化。花

视频 9

生油中还含有甾醇、麦胚酚、磷脂、维生素 E、胆碱等对人体有益的物质，经常食用可防止皮肤皱裂老化、保护血管壁、防止血栓形成，有助于预防动脉硬化和冠心病。花生油中的胆碱，还可改善人脑的记忆力、延缓脑功能衰退。花生油锌含量高，每 100 克花生油锌含量可达 8 毫克以上，是色拉油的 37 倍、菜籽油的 16 倍、豆油的 7 倍。锌是人体不可缺少的微量元素，补锌能增强人体抗病能力，延缓脑细胞和人体机能衰退。儿童多食用一些含锌丰富的食品，能增进食欲，促进身体发育和智力发展。

花生易被黄曲霉感染而产毒，这种毒素是一种高致癌物质，如果榨油的原料被黄曲霉毒素污染，毒素很容易进入油脂中，危害人体健康，所以花生榨油时要注意选质量好的花生米。

146. 影响花生食品安全的因素主要有哪些?

威胁花生食品安全的因素主要存在于生产、运输、储藏以及食品

的生产、加工、包装和销售等各个环节。主要包括以下两个方面。

化学污染物 化学污染除工业"三废"污染外，花生生产中不合理使用化学制品是最主要的污染源。其中包括：①有机污染物，主要是化学农药，包括杀虫剂、杀菌剂、除草剂等，农用塑料及其残膜等导致的污染。②重金属，主要包括镉（Cd）、汞（Hg）、铅（Pb）、镍（Ni）、铜（Cu）、砷（As）等。

生物污染物 主要包括：①真菌毒素类，主要有黄曲霉毒素类、镰刀菌毒素类、青霉菌和曲霉菌毒素类、链孢菌类毒素类以及一些表角碱类毒素类。②致病病原菌，包括真菌、细菌和病毒，对食物安全威胁最大的是沙门氏杆菌。

近年来，黄曲霉毒素、重金属、农药残留污染是影响花生食品安全的主要因素。

147. 黄曲霉毒素和重金属镉对人体有何危害？

黄曲霉毒素属于真菌毒素类，是由黄曲霉、寄生曲霉、集蜂曲霉和溜曲霉产生的具有致畸、致癌性的二次代谢产物，花生中主要存在形式为 B_1、B_2、G_1、G_2、M_1 等 5 种。黄曲霉毒素污染是世界上公认的致癌物质，其中 B_1 是目前已知的最强致癌物，同时黄曲霉毒素 B_1 还具有致畸、致基因突变等作用，对人类健康构成极大危害。欧盟国家规定人类直接食用或直接用作食品原料的花生、坚果或干果中，黄曲霉毒素 B_1 限量为 2 微克/千克，总限量（$B_1+B_2+G_1+G_2$）小于 4 微克/千克。

影响花生食品安全的重金属主要有镉、砷、铅、汞等，其中镉尤为突出。镉的毒性较强，对人体危害大，国际卫生组织及联合国粮农组织 2000 年规定每人每天允许摄入量为 57.1～71.4 微克，规定绿色食品花生中镉的最高含量不得超过 0.1 毫克/千克。人长期摄入过量的镉，会影响体内其他有益元素的效能，造成肝肾损害、肺气肿、支气管炎、内分泌失调、食欲不振、失眠等问题。镉转移至动脉，使血压上升，引致血管脂肪化。镉也是一种致癌物质，可能诱发前列腺癌症。镉中毒会造成肾小管再吸收障碍，低分子量蛋白质和钙质等由尿中流失，容易形成骨质软化、关节疼痛、骨折及骨骼变形等。人吃下受污染的食品后，将镉透过消化道进入体内，主要积聚于肝及肾，损害人体健康。

148. 如何控制花生黄曲霉毒素污染？

选用抗性品种　不同品种对花生黄曲霉毒素污染的抗性存在显著差异。如抗黄1号、粤油9号和粤油20等品种抗性较强，其中抗黄1号达高抗水平。没有高抗品种的地区，可选择抗旱或抗虫品种，以降低花生在生长后期和收获季节受不良气候等因素的影响或地下害虫危害而遭受黄曲霉菌侵染的概率。

施用产毒抑制菌剂　近年来，利用黄曲霉菌突变体选育不产毒菌株进而抑制产毒菌株生长繁殖的研究取得了突破性进展，并取得了一定效果。目前，美国农业部已经批准该类突变体菌株商业化生产和销售。

合理灌溉　花生收获前4～6周遇少雨干旱时，应及时灌溉补水，提高土壤含水量，减少霉菌侵染和产毒概率。

及时防治地下害虫　健康完好的花生荚果可有效抵御黄曲霉侵染，而当花生遭受病虫害侵袭时，花生荚果受到损伤降低了抵御黄曲霉侵染的能力，进而加重了黄曲霉的污染。在花生生长期，应加强田间管理，采取适当措施，减少地下虫害的危害。

适时收获，安全储放　选择晴日或无雨天气收获。收获过程尽量避免花生荚果受损或破裂。刚收获的花生鲜果不要堆捂，迅速摊开、晒干，将荚果含水量降至安全储藏限度（10%以下）。如遇阴雨天气，有条件的可采用人工干燥设备。花生在催干过程中要注意防止回潮，已催干的应迅速包装。

149. 如何降低花生籽仁中的镉含量？

控制镉污染是花生食品安全需要解决的主要问题之一，通过有效的农业措施，可以在现有的生产条件下，将花生产品中的镉含量降低到可以接受的范围内。

选择适宜品种　花生不同品种对镉的富集水平存在一定差异，例如，在相同条件下，花育20、花育23的镉含量明显低于中花4号和湘农 55，属于镉低富集型品种。选用低富集水平的品种，是降低花生镉含量的有效途径之一。

增施有机肥和钙肥 有机肥，既能提高土壤肥力，改良土壤理化性状，又能对镉等多种重金属有不同程度的吸附和螯合作用，减轻重金属毒害。尤其是通透性较好的沙性土壤更应注意多施有机肥，有机肥以鸡粪和圈肥最佳。

由于钙和镉同是二价阳离子，植物在吸收过程中，钙和镉存在竞争吸收的关系，因此，增施钙肥可以抑制花生对镉的吸收，降低籽仁中镉含量。

减少磷肥用量 磷肥是土壤中镉来源的主要途径之一。由于磷矿中含有少量镉及其他重金属，在加工过程中，这些重金属有 60%～95%会转移到磷肥中。因此，生产中尽量不用或少用过磷酸钙等磷肥。

选择适宜土壤 通透性较好的沙壤土和轻壤土一般镉含量较低，土质较黏、通透性较差的砂姜黑土或轻黏土镉含量较高，但黏土生产出的花生籽仁中镉含量明显低于沙壤土生产的产品。

调节土壤酸碱度 酸性土壤易受重金属污染，可采用能够提高土壤 pH 的物料（如钙镁磷肥、石灰、滤泥等）抑制土壤中镉等重金属的活性。

150. 花生富硒栽培技术要点有哪些？

硒元素能增强人体免疫系统，提高机体的免疫功能和抗病能力，预防肿瘤发生，能保护人体心脏、肝、肾、肺、眼等器官，还可以通过消除体内有毒金属离子对人体进行解毒和排毒。因此，硒被誉为人类的第一长寿元素。

硒含量≥0.15 毫克/千克被称为富硒花生。富硒花生栽培可采取以下措施。

选用富硒品种 不同品种对硒的吸收积累能力存在较大差异，选用高富硒的品种是富硒栽培最经济、最有效的途径之一。一般来说，黑花生含硒量较高，有的品种含硒量可以达到普通品种的几十倍，甚至上百倍。

选择富硒土壤 世界上绝大多数土壤硒含量为 0.01～2.0 毫克/

千克，一般土壤含量在 0.4 毫克/千克以下，超过 0.4 毫克/千克定义为富硒土壤。在富硒土壤上种植花生，可以明显提高花生硒含量。

施用富硒剂 在花生生育过程中，叶面喷施补硒剂，通过植株一系列生理生化反应，将无机硒转化为有机硒富集在荚果中，是提高花生硒含量的主要措施之一。方法为：在花生始花期、结荚初期和饱果初期，三次叶面喷施亚硒酸钠（硒含量 44.7%），每次公顷用量 300克，兑水 450～600 千克。也可喷施等量硒的其他含硒剂。

151. 花生高油栽培技术要点有哪些？

我国花生有一半以上用作榨油，提高花生产品含油量对花生生产意义重大。

选用高油品种 目前我国生产上花生品种脂肪含量为 48%～58%，差异十分明显，选用脂肪含量高的品种，是高油栽培最有效措施。如冀花 4 号、豫花 15、中花 16、花育 918、徐花 9 号等，脂肪含量均在 56% 以上。

选择适宜的生态区 花生脂肪含量高低除受品种因素影响外，生态环境对脂肪含量影响也非常显著。我国不同花生产区生态条件存在较大差异，因此，花生产品中脂肪含量也呈现相应变异。根据山东省农业科学院对全国花生主产区花生品质分析结果，我国黄淮海产区、黄土高原产区和甘肃、新疆产区为花生高油产区。

选择适宜的收获期 成熟度对花生脂肪含量影响很大，在花生生理成熟时，脂肪含量最高。收获过早，多数荚果尚未达到生理成熟，脂肪含量低；如果收获过晚，部分荚果由于过熟（形成伏果）脂肪分解，含量下降。

152. 如何种好有机食品花生？

产地环境要求 有机食品生产地的空气质量、农田灌溉用水水质、农田土壤质量等均应符合有机食品生产产地环境的标准。

地块选择 为获得较为理想的产量，有机食品田应尽量安排在地势平、土层厚、土质肥、耕层疏松、通气透水、生物活性强、排水良好的沙壤土上。通透性较差的土壤，可通过秸秆还田和增施有机肥等措施加以改良。生产有机食品之前,应对土壤净化1~3年。净化期内,应种植小麦、玉米、地瓜、蔬菜等非豆科作物,避免花生重茬,且田间所有作业需按有机食品生产的技术规程操作。

施肥要求　有机食品花生生产,允许施用充分腐熟的有机肥料,包括没有污染的绿肥和作物残体、泥炭、海草和其他类似物质;允许施用天然矿物肥料,如木炭灰、无水钾镁钒、海洋副产品、动物副产品等;允许施用微生物肥料;允许施用农用石灰、天然磷酸盐和其他缓冲性矿物,但不应造成氟的危害。公顷产量4 500千克的地块,每公顷施土杂肥45~60吨或腐熟鸡粪9~12吨;公顷产量6 000千克的地块,每公顷施土杂肥60~75吨或腐熟鸡粪12~15吨。除有机肥外,可配施一种微生物肥料。

病虫害防治　①虫害。蛴螬、金针虫、地老虎等地下害虫,每公顷用球孢白僵菌可湿性粉剂3.8~4.5千克拌适量土,播种时撒施在播种沟内;田头地边种蓖麻可以诱杀蛴螬成虫。当每百墩花生蚜虫量达到500头左右时,可用植物提取液0.3%苦参碱水剂300倍液叶面喷洒,兼治蓟马、红蜘蛛等,或用小苏打+水+肥皂液(1:40:0.3)喷洒叶背面。棉铃虫、造桥虫、斜纹夜蛾等害虫,利用成虫的趋光性,每3.5公顷安装1盏杀虫灯诱杀;在三龄前(6月底7月初)进行,用BT可湿性粉剂,稀释500~800倍,每公顷喷施药液600~750千克;在棉铃虫盛发期来临前,用0.1%醋酸水溶液喷洒叶面,每隔5~7天喷1次,连喷3次,能有效驱避成虫,降低虫口密度,减轻幼虫危害。②病害。当叶片叶斑病(包括黑斑、褐斑、网斑、焦斑等)发病率达到5%~7%时,可用1.5%多抗霉素可湿性粉剂或5%井冈霉素水剂600倍液,或波尔多液(硫酸铜、生石灰、水按1:1:200比例配制)喷施。另外用干草木灰+石灰粉混合,趁早晨露水未干撒于叶面,可防治多种病害。

防止徒长　当主茎高度达到30~35厘米左右时,手工摘除花生主茎和第一、二对侧枝的生长点,防止花生徒长倒伏。

收获与晾晒　当主茎剩下3~4片复叶,地下65%以上荚果果壳硬化,网纹清晰,果壳内壁呈青褐色斑块时,应及时收获。收获后1周内将荚果含水量降到8%以下,随即包装,防止回潮。

主要参考文献

万书波 . 2003. 中国花生栽培学 . 上海：上海科学技术出版社 .

王在序，盖树人 . 1999. 山东花生 . 上海：上海科学技术出版社 .

王才斌，万书波 . 2011. 花生生理生态学 . 北京：中国农业出版社 .

王才斌，吴正锋 . 2017. 花生营养生理生态与高效施肥 . 北京：中国农业出版社 .

图书在版编目（CIP）数据

花生高质高效生产 200 题 / 孙学武等编著. —北京：
中国农业出版社，2022.2（2023.8 重印）
（码上学技术．绿色农业关键技术系列）
ISBN 978-7-109-29126-3

Ⅰ. ①花…　Ⅱ. ①孙…　Ⅲ. ①花生－栽培技术－问题
解答　Ⅳ. ①S565.2-44

中国版本图书馆 CIP 数据核字（2022）第 018132 号

花生高质高效生产 200 题
HUASHENG GAOZHI GAOXIAO SHENGCHAN 200TI

中国农业出版社出版
地址：北京市朝阳区麦子店街 18 号楼
邮编：100125
责任编辑：郭银巧　杨天桥
版式设计：杜　然　责任校对：吴丽婷
印刷：中农印务有限公司
版次：2022 年 2 月第 1 版
印次：2023 年 8 月北京第 2 次印刷
发行：新华书店北京发行所
开本：880mm×1230mm　1/32
印张：4.5
字数：150 千字
定价：25.00 元